二十世纪中国心理学名著丛编

人格心理学

朱道俊 ◎ 著

主编 ◎ 郭本禹　阎书昌　特约编辑 ◎ 郭永玉　胡小勇

图书在版编目（CIP）数据

人格心理学/朱道俊著. —福州：福建教育出版社，2024.10
（二十世纪中国心理学名著丛编）
ISBN 978 7 5334 9865 8

Ⅰ.①人… Ⅱ.①朱… Ⅲ.①人格心理学 Ⅳ.①B848

中国国家版本馆 CIP 数据核字（2024）第 006017 号

二十世纪中国心理学名著丛编

Renge Xinlixue
人格心理学
朱道俊　著

出版发行	福建教育出版社
	（福州市梦山路 27 号　邮编：350025　网址：www.fep.com.cn）
	编辑部电话：0591-83726908
	发行部电话：0591-83721876　87115073　010-62024258）
出 版 人	江金辉
印　　刷	福州印团网印刷有限公司
	（福州市仓山区建新镇十字亭路 4 号）
开　　本	890 毫米×1240 毫米　1/32
印　　张	6.25
字　　数	129 千字
插　　页	3
版　　次	2024 年 10 月第 1 版　2024 年 10 月第 1 次印刷
书　　号	ISBN 978-7-5334-9865-8
定　　价	20.00 元

如发现本书印装质量问题，请向本社出版科（电话：0591-83726019）调换。

编校凡例

1. 选编范围。"二十世纪中国心理学名著丛编"（以下简称"丛编"）选编 20 世纪经过 50 年时间检验、学界有定评的水平较高、影响较大、领学科一定风骚的心理学著作。这些著作在学术上有承流接响的作用。

2. 版本选择。"丛编"本书是以第一版或修订版为底本。

3. 编校人员。"丛编"邀请有关老、中、青学者，担任各册"特约编辑"，负责校勘原著、撰写前言（主要介绍作者生平、学术地位与原著的主要观点和学术影响）。

4. 编校原则。尊重原著的内容和结构，以存原貌；进行必要的版式和一些必要的技术处理，方便阅读。

5. 版式安排。原著是竖排的，一律转为横排。横排后，原著的部分表述作相应调整，如"右表""左表""右文""左文"均改为"上表""下表""上文""下文"等等。

6. 字体规范。改繁体字为简化字，改异体字为正体字；"的""得""地""底"等副词用法，一仍旧贯。

7. 标点规范。原著无标点的，加补标点；原著标点与新式标点不符的，予以修订；原文断句不符现代汉语语法习惯的，予以调整。原著有专名号（如人名、地名等）的，从略。书名号用《》、〈〉规范形式；外文书名排斜体。

8. 译名规范。原著专门术语，外国人名、地名等，与今通译有异的，一般改为今译。首次改动加脚注注明。

9. 数字规范。表示公元纪年、年代、年、月、日、时、分、秒，计数与计量及统计表中的数值，版次、卷次、页码等，一般用阿拉伯数字；表示中国干支等纪年与夏历月日、概数、年级、星期或其他固定用法等，一般用数字汉字。此外，中国干支等纪年后，加注公元纪年，如光绪十四年（1888）、民国二十年（1931）等。

10. 标题序号。不同层级的内容，采用不同的序号，以示区别。若原著各级内容的序号有差异，则维持原著序号；若原著下一级内容的序号与上一级内容的序号相同，原则上修改下一级的序号。

11. 错漏校勘。原著排印有错、漏、讹、倒之处，直接改动，不出校记。

12. 注释规范。原著为夹注的，仍用夹注；原著为尾注的，改为脚注。特约编辑补充的注释（简称"特编注"），也入脚注。

总序：

中国现代心理学的历史进程

晚清以降的西学东渐，为中国输入了西方科学知识和体系，作为分科之学的科学开始在中国文化中生根发芽。现代科学体系真正的形成和发展则是在民国时期，当时中国传统文明与西方近现代文明的大碰撞，社会的动荡与变革，新旧思想的激烈冲突，科学知识的传播与影响，成就了民国时期的学术繁荣时代。有人将之看作是"中国历史上出现了春秋战国以后的又一次百家争鸣的盛况"[①]。无论后人是"高估"还是"低估"民国时期的学术成就，它都是中国学术发展进程中重要的一环。近年来民国时期学术著作的不断重刊深刻反映出它们的学术价值和历史地位。影响较大者有上海书店的"民国丛书"、商务印书馆的"中华现代学术名著丛书"、岳麓书社的"民国学术文化名著"、东方出版社的"民国学术经典文库"和"民国大学丛书"，以及福建教育出版社的"20世纪中国教育学名著丛编"等。这

---

① 周谷城：《"民国丛书"序》，载《出版史料》2008年第2期。

些丛书中也收录了民国时期为数不多的重要心理学著作,例如,"民国丛书"中收有朱光潜的《变态心理学派别》、高觉敷的《现代心理学》、龚德义的《宗教心理学》、陈鹤琴的《儿童心理之研究》和潘菽的《社会的心理基础》等,"民国大学丛书"收录章颐年的《心理卫生概论》,"20世纪中国教育学名著丛编"包括艾伟的《教育心理学》、萧孝嵘的《教育心理学》、高觉敷的《教育心理》和王书林的《心理与教育测量》等。中国现代心理学作为一门独立的学科,仅有上述丛书中收入的少数心理学著作还难以呈现全貌,更为细致全面的整理工作仍有待继续开展。

一、西学东渐:中国现代心理学的源头

我国古代有丰富的心理学思想,却没有真正科学意义上的心理学。如同许多其他学科一样,心理学在我国属于"舶来品"。中国现代心理学的产生经历了西方心理学知识向中国输入和传播的历史阶段。最早接触到西方心理学知识的中国人是容闳、黄胜和黄宽,他们于1847年在美国大学中学习了心灵哲学课程,这属于哲学心理学的范畴,继而颜永京于1860年或1861年在美国大学学习了心灵哲学课程。颜永京回国后于1879年开始在圣约翰大学讲授心理学课程,他首开国人之先河,于1889年翻译出版了美国人海文著的《心灵学》(上本)[①],这是史界公

[①] 译自 Haven, J., *Mental philosophy: Including the intellect, sensibilities, and will*. Boston: Gould & Lincoln, 1858.

认的第一部汉译心理学著作。此前传教士狄考文于1876年在山东登州文会馆开设心灵学即心灵哲学或心理学课程。1898年，美国传教士丁韪良出版了《性学举隅》①，这是第一本以汉语写作的心理学著作。1900年前后，日本在中国学习西方科学知识的过程中起到了桥梁作用，一批日本学者以教习的身份来到中国任教。1902年，服部宇之吉开始在京师大学堂讲授心理学课程，并撰写《心理学讲义》②。1904年，三江师范学堂聘请日本学者菅沼虎雄任心理学、教育学课程教习。1901—1903年译自日文的心理学著作主要有：樊炳清译、林吾一著的《应用心理学》(1901)，③久保田贞则编纂的《心理教育学》(1902)，王国维译、元良勇次郎著的《心理学》(1902)，吴田炤译、广岛秀

---

① 其英文名为 Christian Psychology。《性学举隅》中的心理学知识，有更强的科学性和实证性，而《心灵学》中的心理学知识，则更具哲学性和思辨性。其主要原因是，《性学举隅》成书于19世纪末，西方心理学已经确立学科地位，科学取向的心理学知识日益增多，许多心理学著作也相继出版，该书对这些心理学知识吸收较多；而《心灵学》的原著成书于19世纪50年代，西方心理学还处于哲学心理学阶段，近代科学知识还没有和哲学心理学相互融合起来。此外，丁韪良在阐述心理学知识时，也具有较强的实证精神。他在提及一个心理学观点或理论时，经常会以"何以验之"来设问，然后再提供相应的证据或实验依据进行回答。同时他指出，"试验"（即实验）是西方实学盛行的原因，中国如果想大力发展实学，也应该以实验方法为重。丁韪良的这种实证精神，无论是对当时人们正确理解和运用心理学，还是对于其他学科都是有积极意义的。

② 由他的助教范源廉译述，此书的线装本没有具体的出版时间，大致出版于1902—1903年。服部宇之吉的讲义经过润色修改后于1905年在日本以中文出版。

③ 王绍曾主编：《清史稿艺术志拾遗》，北京：中华书局2000年版，第1534页。

太朗著的《初等心理学》(1902)，田吴炤译、高岛平三郎著的《教育心理学》(1903)，张云阁译、大濑甚太郎和立柄教俊合著的《心理学教科书》[①](1903)，上海时中书局编译的心理学讲义《心界文明灯》(1903)，沈诵清译、井上圆了著的《心理摘要》(1903)。此外，张东荪、蓝公武合译了詹姆斯《心理学简编教程》(1892)的第一章绪论、第二章感觉总论和第三章视觉，题名为《心理学悬论》。[②] 1907年王国维还自英文版翻译出版丹麦学者海甫定（H. Höffding）的《心理学概论》，1910年自日文版翻译出版美国禄尔克的《教育心理学》，这两本书在当时产生了较大影响。1905年在日本留学的陈榥编写出版的《心理易解》，被学界认为是中国学者最早自编的心理学书籍。此后至新文化运动开始起，一批以日本教习的心理学讲义为底本编写或自编的心理学书籍也相继出版，例如，湖北师范生陈邦镇等编辑的《心理学》(1905，内页署名《教育的心理学》)、江苏师范编的《心理学》(1906)、蒋维乔的《心理学》(1906)和《心理学讲义》(1912)、彭世芳的《心理学教科书》(1912，版权页署名《(中华)师范心理学教科书》)、樊炳清的《心理学要领》(师范学校用书，1915)、顾公毅的《新制心理学》(书脊署名《新制心理学教科书》，1915)、张子和的《广心理学》(上册，1915)、张毓骢和沈澄清编的《心理学》(1915)等。

---

① 该书还有另外一中译本，译者为顾绳祖，1905年由江苏通州师范学堂出版。

② 詹姆斯著，张东荪、蓝公武译：《心理学悬论》，载《教育》1906年第1、2期。

从西方心理学输入路径来看,上述著作分别代表着来自美国、日本、欧洲的心理学知识的传入。从传播所承载的活动来看,有宗教传播和师范教育两种活动,并且后者相继替代了前者。从心理学知识传播者身份来看,有传教士、教育家、哲学家等。

"心理学"作为一门学科的名称,其术语本身在中国开始使用和流行也有一个历史过程。"Psychology"一词进入汉语文化圈要早于它所指的学问或学科本身,就目前所知,该词最早见于1868年罗存德(William Lobscheid)在香港出版的《英华字典》(An English and Chinese Dictionary),其汉译名为"灵魂之学""魂学"和"灵魂之智"。[①] 在日本,1875年哲学家西周翻译的《心理学》被认为是日本最早的心理学译著。汉字"心理学"是西周从"性理学"改译的,故西周也是"心理学"的最早创译者。[②] 但"心理学"一词并没有很快引入中国。当时中国用于指称心理学知识或学科的名称并不统一。1876年,狄考文在山东登州文会馆使用"心灵学"作为心理学课程名称;1880年,《申报》使用"心学"一词指代颜永京讲授的心理学课程;1882年,颜永京创制"心才学"称谓心理学;1886年,分

---

① 阎书昌:《中国近现代心理学史(1872—1949)》,上海:上海教育出版社2015年版,第12页。

② 新近有研究者考证发现了中国知识分子执权居士于1872年在中国文化背景下创制了"心理(学)"一词,比日本学者西周创制"心理学"一词早三年,但执权居士的"心理(学)"术语并没有流行起来。参见:阎书昌:《中国近现代心理学史(1872—1949)》,上海:上海教育出版社2015年版,第13—14页。

别译自赫胥黎《科学导论》的《格致小引》和《格致总学启蒙》两本中各自使用"性情学"和"心性学"指称心理学；1889年，颜永京使用"心灵学"命名第一本心理学汉本译著；1898年，丁韪良在《性学举隅》中使用"性学"来指心理学。最后，康有为、梁启超于1897—1898年正式从日本引入"心理学"一词，并开始广泛使用。康有为、梁启超十分重视译书，认为"中国欲为自强第一策，当以译书为第一义"，康有为"大收日本之书，作为书目志以待天下之译者"。① 他于1896年开始编的《日本书目志》共收录心理学书籍25种，其中包括西周翻译的《心理学》。当时，日文中是以汉字"心理学"翻译"psychology"。可见，康有为当时接受了"心理学"这一学科名称。不过《日本书目志》的出版日期不详。梁启超于1897年11月15日在《时务报》上发表的《读〈日本书目志〉后》一文中写道："……愿我人士，读生理、心理、伦理、物理、哲学、社会、神教诸书，博观而约取，深思而研精。"② 梁启超作为康有为的学生，也是其思想的积极拥护者，很可能在《日本书目志》正式出版前就读到了书稿，并在报刊上借康有为使用的名称正式认可了"心理学"这一术语及其学科。③ 另外，大同译书局于

---

① 转引自杨鑫辉、赵莉如主编：《心理学通史》（第2卷），济南：山东教育出版社2000年版，第142页。

② 转引自阎书昌：《中国近现代心理学史（1872—1949）》，上海：上海教育出版社2015年版，第43页。

③ 阎书昌："心理学"在我国的第一次公开使用》，载杨鑫辉主编：《心理学探新论丛（2000年辑）》，南京：南京师范大学出版社2000年版，第240—241页。

1898年春还出版了日本森本藤吉述、翁之廉校订的《大东合邦新义》一书,该书中也使用过"心理学"一词:"今据心理学以推究之",后有附注称:"心理学研究性情之差别,人心之作用者也。"① 此书是日本学者用汉语写作,并非由日文译出,经删改编校而成,梁启超为之作序。这些工作都说明了康有为和梁启超为"心理学"一词在中国的广泛传播所作出的重要贡献。以上所述仅仅是"心理学"作为一门学科名称在中国的变迁和发展,中国文化对心理学知识与学科的接受必定有着更为复杂的过程。

这一时期最值得书写的历史事件就是蔡元培跟随现代心理学创始人冯特的学习经历。蔡元培先后两次赴德国留学。在留学德国以前,蔡元培就对西方的文化科学有所涉及,包括文史、政经及自然科学。他译自日文的《生理学》《妖怪学》等著作就涉猎到心理学知识。蔡元培学习心理学课程是在第一次留学期间的1908年10月至1911年11月,他在三年学习期间听了八门心理学课程,其中有冯特讲授的三门心理学课程:心理学、实验心理学、民族心理学,还有利普斯(Theodor Lipps)讲授的心理学原理,勃朗(Brahon)讲授的儿童心理学与实验教育学,威斯(Wilhelm Wirth)讲授的心理学实验方法,迪特里希(Ottmar Dittrich)讲授的语言心理学、现代德语语法与心理学基础。蔡元培接受过心理学的专业训练,这是不同于中国现代心理学早期多是自学成才的其他人物之处,也是他具有中国现

---

① 转引自阎书昌:《中国近现代心理学史(1872—1949)》,上海:上海教育出版社2015年版,第43页。

代心理学先驱地位的原因之一。蔡元培深受冯特在实验心理学上开创性工作的影响，在其担任北京大学校长期间，于1917年支持陈大齐在哲学系内建立我国第一个心理学实验室，这是中国心理学发展史上的第一个心理学实验室，具有标志性意义。陈大齐是另一位中国现代心理学的先驱，1909年他进入东京帝国大学文科哲学门之后，受到日本心理学家元良勇次郎的影响，对心理学产生极为浓厚的兴趣，于是选心理学为主科，以理则学（亦称论理学，即逻辑学）、社会学等为辅科。陈大齐在日本接受的是心理学专业训练，1912年回国后开展的许多理论和实践工作对我国早期心理学都具有开创性的意义。

中国现代心理学学科的真正确立，是始于第一批学习心理学的留学生回国后从事心理学的职业活动，此后才出现了真正意义上的中国心理学家。

二、出国留学：中国现代心理学的奠基

中国现代心理学是新文化运动的产物，我国第一代心理学家正是成长于这一历史背景之下。20世纪初，我国内忧外患，社会动荡，国家贫弱，不断遭到西方列强在科学技术支撑下的坚船利炮的侵略，中华民族面临着深重的民族危机。新文化运动的兴起，在中国满布阴霾的天空中，响起一声春雷，爆发了一场崇尚科学、反对封建迷信、猛烈抨击几千年封建思想的文化启蒙运动。1915年，陈独秀创办《青年杂志》（后改名为《新青年》），提出民主和科学的口号，标志着新文化运动的开始，

到1919年"五四"运动爆发时，新文化运动达到高潮。中国先进的知识分子试图从西方启蒙思想那里寻找救国救民之路，对科学技术产生了崇拜，提出了"科学救国"和"教育救国"的口号，把科学看成是抵御外侵和解决中国一切问题的工具，认为只有科学才能富国强兵，使中国这头"睡狮"猛醒，解除中国人民的疾苦，摘掉头上那顶"东亚病夫"的耻辱帽子。西方现代科学强烈冲击了中国的旧式教育，"开启民智""昌明教育""教育救国"的声音振聋发聩。孙中山在《建国方略》中写道："夫国者，人之所积也。人者，心之所器也。国家政治者，一人群心理之现象也。是以建国之基，当发端于心理。"① 他认为"一国之趋势，为万众之心理所造成；"② 要实现教育救国，就要提高国民的素质，改造旧的国民性，塑造新的国民。改造国民性首先要改造国民的精神，改造国民的精神在于改造国民的行为，而改造人的行为在于改造人的心理。著名教育家李石曾也主张："道德本于行为，行为本于心理，心理本于知识。是故开展人之知识，即通达人之心理也；通达人之心理，即真诚人之行为也；真诚人之行为，即公正人之道德也。教育者，开展人之知识也。欲培养人之有公正之道德，不可不先有真诚之行为；欲有真诚之行为，不可不先有通达之心理；欲有通达之心理，不可不先有开展之知识。"③ 了解人的心理是改造人的心理的前

---

① 《孙中山全集》（第6卷），北京：中华书局1981年版，第214—215页。
② 孙文：《心理建设》，上海：一心书店1937年版，第83页。
③ 李石曾：《无政府说》，载《辛亥革命前十年时间政选集》（第三卷），北京：三联书店1960年版，第162—163页。

提，了解人的心理是进行教育的前提，而心理学具有了解心理、改造心理的作用。所以，当时一批有志青年纷纷远赴重洋攻读心理学。①汪敬熙后来对他出国为何学习心理学的回忆最能说明这一点，他说："在十五六年前，更有一种原因使心理学渐渐风行。那时候，许多人有一种信仰，以为想改革中国必须从改造社会入手；如想改造社会必须经过一番彻底的研究；心理学就是这种研究必需的工具之一，我记得那时候好些同学因为受到这种信仰的影响，而去读些心理学书，听些心理学的功课。"②张耀翔赴美前夕，曾与同学廖世承商讨到美国所学专业，认为人为万物之灵，强国必须强民，强民必须强心，于是决心像范源廉先生（当时清华学堂校长）那样，身许祖国的教育事业，并用一首打油诗表达了他选学心理学的意愿："湖海飘零廿二

---

① 中国学生大批留美始于1908年的"庚款留学"。1911年经清政府批准，成立了留美预备学校即清华学堂。辛亥革命爆发之后，清华学堂因战事及经费来源断绝原因停顿半年之久，至1912年5月学堂复校，改称"清华学校"。由于"教育救国"运动的需要，辛亥革命之后留美教育得以延续。在这批留美大潮中，有相当一部分留学生以心理学作为主修专业，为此后中国现代心理学的发展积聚下了专业人才。据1937年的《清华同学录》统计，学教育、心理者（包括选修两门以上学科者，其中之一是教育心理）共81人。早期的心理学留学生主要有：王长平（1912年赴美，1915年回国）、唐钺（1914年赴美，1921年回国）、陈鹤琴（1914年赴美，1919年回国）、凌冰（1915年赴美，1919年回国）、廖世承（1915年赴美，1919年回国）、陆志韦（1915年赴美，1920年回国）、张耀翔（1915年赴美，1920年回国）等。

② 汪敬熙：《中国心理学的将来》，载《独立评论》1933年第40号。

年，今朝赴美快无边。此身原许疗民瘼，誓把心书仔细研！"①潘菽也指出："美国的教育不一定适合中国，不如学一种和教育有关的比较基本的学问，即心理学。"②

在国外学习心理学的留学生接受了著名心理学家的科学训练，为他们回到中国发展心理学打下了扎实的专业功底。仅以获得博士学位的心理学留学生群体为例，目前得以确认的指导过中国心理学博士生的心理学家有美国霍尔（凌冰）、卡尔（陆志韦、潘菽、王祖廉、蔡乐生、倪中方、刘绍禹）、迈尔斯（沈有乾、周先庚）、拉施里（胡寄南）、桑代克（刘湛恩）、瑟斯顿（王徵葵）、吴伟士（刘廷芳、夏云）、皮尔斯伯里（林平卿）、华伦（庄泽宣）、托尔曼（郭任远）、梅耶（汪敬熙）、黄翼（格塞尔）、F.H.奥尔波特（吴江霖）、英国斯皮尔曼（潘渊、陈立）、皮尔逊（吴定良），法国瓦龙（杨震华）、福柯（左任侠），等等。另外，指导过中国学生或授过课的国外著名心理学家还有冯特（蔡元培）、铁钦纳（董任坚）、吕格尔（潘渊）、皮亚杰（卢濬）、考夫卡（朱希亮、黄翼）、推孟（黄翼、周先庚）、苛勒（萧孝嵘）等。由此可见，这些中国留学生海外求学期间接触到了西方心理学的最前沿知识，为他们回国之后传播各个心理学学派理论，发展中国现代心理学奠定了坚实的基础。

在海外学成归来的心理学留学生很快成长为我国第一代现

---

① 程俊英：《耀翔与我》，载张耀翔著：《感觉、情绪及其他——心理学文集续编》，上海：上海人民出版社1986年版，第308—332页。

② 潘菽：《潘菽心理学文选》，南京：江苏教育出版社1987年版，第2页。

代心理学家,他们拉开了中国现代心理学的序幕。他们传播心理学知识,建立心理学实验室,编写心理学教科书,创建大学心理学系所,培养心理学专门人才,成立心理学研究机构和组织,创办心理学专业刊物,从事心理学专门研究与实践,对中国现代心理学的诸多领域作出奠基性和开拓性贡献,分别成为中国心理学各个领域的领军人物。这些归国留学生大都是25～30岁之间的青年学者,他们对心理学具有强烈的热情,正如张耀翔所说的:"心理学好比我的宗教。"① 同时,他们精力旺盛,受传统思想束缚较少,具有雄心壮志,具有创新精神和开拓意识,致力于发展中国的心理学,致力于在中国建立科学的心理学,力图把"心理学在国人心目中演成一个极饶兴趣、惹人注目的学科"。② 不仅如此,他们还具有更远大的抱负,把中国心理学推向世界水平。就像郭任远在给蔡元培的一封信中所表达的:"倘若我们现在提倡心理学一门,数年后这个科学一定不落美国之后。因为科学心理学现在还在萌芽时代。旧派的心理学虽已破坏,新的心理学尚未建设。我们现在若在中国从建设方面着手,将来纵不能在别人之前,也决不致落人后。""倘若我们尽力筹办这个科学,数年后一定能受世界科学界的公认。"③

中国第一代心理学家还积极参与当时我国思想界和学术界

---

① 张耀翔:《心理学文集》,上海:上海人民出版社1983年版,第231页。

② 张耀翔:《心理学文集》,上海:上海人民出版社1983年版,第246页。

③ 郭任远:《郭任远君致校长函》,载《北京大学日刊》1922年总第929号。

的讨论。如陈大齐在"五四"运动时期，积极参与当时科学与灵学的斗争，运用心理学知识反对宣扬神灵的迷信思想。唐钺积极参与了20世纪20年代初（1923）的"科学与玄学"论战。汪敬熙在北大就读时期就是"五四"运动的健将，也是著名的新潮社的主要成员和《新潮》杂志的主力作者，提倡文学革命，致力于短篇小说的创作，他也是继鲁迅之后较早从事白话小说创作的作家。陆志韦则提倡"五四"新诗运动，他于1923年出版的《渡河》诗集，积极探索了新诗歌形式和新格律的实践。

三、制度建设：中国现代心理学的确立

"五四"运动之后，在海外学习心理学的留学生[①]陆续回国。他们从事心理学的职业活动，逐渐形成我国心理学的专业队伍。他们大部分都任教于国内的各大高等院校中，承担心理学的教学与科研任务，积极开展中国现代心理学的早期学科制度建设。他们创建心理学系所、建立心理学实验室、成立心理学专业学会和创办心理学刊物，开创了中国现代心理学的一个辉煌时期。

（一）成立专业学会

1921年8月，在南京高等师范学校组织暑期教育讲习会，有许多学员认为心理学与教育关系密切，于是签名发起组织中

---

① 这些心理学留学生大部分人都获得了博士学位，也有一部分人在欧美未获得博士学位，如张耀翔、谢循初、章益、王雪屏、王书林、阮镜清、普施泽、黄钰生、胡秉正、高文源、费培杰、董任坚、陈雪屏、陈礼江、陈飞鹏等人。他们回国后在心理学领域同样作出了重要贡献。

华心理学会,征求多位心理学教授参加。几天之后,在南京高等师范学校临时大礼堂举行了中华心理学会成立大会,通过了中华心理学会简章,投票选举张耀翔为会长兼编辑股主任,陈鹤琴为总务股主任,陆志韦为研究股主任,廖世承、刘廷芳、凌冰、唐钺为指导员。这是中国第一个心理学专业学会。中华心理学会自成立后,会员每年都有增加,最盛时多达235人。但是由于学术活动未能经常举行,组织逐渐涣散。1931年,郭一岑、艾伟、郭任远、萧孝嵘、沈有乾、吴南轩、陈鹤琴、陈选善、董任坚等人尝试重新筹备中华心理学会,但是后来因为"九一八"国难发生,此事被搁置,中华心理学会就再也没有恢复。

1935年11月,陆志韦发起组织"中国心理学会",北京大学樊际昌、清华大学孙国华、燕京大学陆志韦被推为学会章程的起草人。三人拟定的"中国心理学会章程草案"经过讨论修改后,向各地心理学工作者征求意见,获得大家的一致赞同,认为"建立中国心理学会"是当务之急。1936年11月,心理学界人士34人发出由陈雪屏起草的学会组织启事,正式发起组织中国心理学会。1937年1月24日,在南京国立编译馆大礼堂举行了中国心理学会成立大会。会上公推陆志韦为主席,选出陆志韦、萧孝嵘、周先庚、艾伟、汪敬熙、刘廷芳、唐钺为理事。正当中国心理学会各种活动相继开展之际,"七七事变"爆发,学会活动被迫停止。

1930年秋,时任考试院院长的戴季陶鉴于测验作为考试制度的一种,有意发起组织测验学会。由吴南轩会同史维焕、赖琏二人开始做初步的筹备工作。截至当年12月15日共征得57人的同意做发起人，通过通讯方式选举吴南轩、艾伟、易克櫄、陈鹤琴、史维焕、顾克彬、庄泽宣、廖茂如、邰爽秋为筹备委员，陈选善、陆志韦、郭一岑、王书林、彭百川为候补委员，指定吴南轩为筹备召集人，推选吴南轩、彭百川、易克櫄为常务委员。1931年6月21日，在南京中央大学致知堂召开成立大会和会员大会。

1935年10月，南京中央大学教育学院同仁发起组织中国心理卫生协会，向全国心理学界征求意见，经过心理学、教育、医学等各界共231人的酝酿和发起，并得到146位知名人士的赞助，中国心理卫生协会于1936年4月19日在南京正式召开成立大会，并通过了《中国心理卫生协会简章》。该协会的宗旨是保持并促进精神健康，防止心理、神经的缺陷与疾病，研究有关心理卫生的学术问题，倡导并促进有关心理卫生的公共事业。1936年5月，经过投票选举艾伟、吴南轩、萧孝嵘、陈剑脩、陈鹤琴等35人为理事，周先庚、方治、高阳等15人为候补理事，陈大齐、陈礼江、杨亮功、刘廷芳、廖世承等21人为监事，梅贻琦、章益、郑洪年等9人为候补监事。在6月19日举行的第一次理事会议上，推举吴南轩（总干事）、萧孝嵘、艾伟、陈剑脩、朱章赓为常务理事。

（二）创办学术期刊

《心理》，英文刊名为 *Chinese Journal of Psychology*，由张耀翔于1922年1月在北平筹备创办的我国第一种心理学期刊。编辑部设在北京高等师范学校心理学实验室的中华心理学会总会，它作为中华心理学会会刊，其办刊宗旨之一是，"中华心理学会会员承认心理学自身是世上最有趣味的一种科学。他们研究，就是要得这种精神上的快乐。办这个杂志，是要别人也得同样的快乐"。① 《心理》由张耀翔主编，上海中华书局印刷发行，于1927年7月终刊。该刊总共发表论文163篇，其中具有创作性质的论文至少50篇。1927年，周先庚以《1922年以来中国心理学旨趣的趋势》为题向西方心理学界介绍了刊发在《心理》杂志上共分为21类的110篇论文。② 这是中国心理学界的研究成果第一次集体展示于西方心理学界，促进了后者对中国心理学的了解。

《心理半年刊》，英文刊名为 The N.C. Journal of psychology，由中央大学心理学系编辑，艾伟任主编，于1934年1月1日在南京创刊，至1937年1月1日出版第4卷1期后停刊，共出版7期。其中后5期均为"应用心理专号"，可见当时办刊宗旨是指向心理学的应用。该刊总共载文88篇，其中译文21篇。

《心理季刊》是由上海大夏大学心理学会出版，1936年4月创刊，1937年6月终刊。该刊主任编辑为章颐年，其办刊宗旨是"应用心理科学，改进日常生活"，它是当时国内唯一一份关于心理科学的通俗刊物。《心理季刊》共出版6期，发表87篇文章（包括译文4篇）。栏目主要有理论探讨、生活应用、实验报告及参考、名人传记、书报评论、心理消息、论文摘要等七

---

① 《本杂志宗旨》，载《心理》1922年第1卷1号。
② Chou, S.K., Trends in Chinese psychological interests *since 1922*. The American Journal of Psychology. 1927, 38 (3).

个栏目,还有插图照片 25 帧。

《中国心理学报》由燕京大学和清华大学心理学系编印,1936 年 9 月创刊,1937 年 6 月终刊。后成为中国心理学会会刊。主任编辑为陆志韦,编辑为孙国华和周先庚。蔡元培为该刊题写了刊名。在该刊 1 卷 1 期的编后语中,追念 20 年代张耀翔主编的《心理》杂志,称这次出版"名曰《中国心理学报》,亦以继往启来也"。该刊英文名字为 The Chinese Journal of Psychology,与《心理》杂志英文名字完全相同,因此可以把《中国心理学报》看作是《心理》杂志的延续或新生。同时,《中国心理学报》在当时也承担起不同于 20 年代"鼓吹喧闹,笔阵纵横"拓荒期的责任,不再是宣传各家学说,而是进入扎扎实实地开展心理学研究的阶段,从事"系统之建立""以树立为我中华民国之心理学"。该刊总共发表文章 24 篇,其中实验报告 14 篇,系统论述文章 4 篇,书评 3 篇,其他有关实验仪器的介绍、统计方法等 3 篇。

抗战全面爆发之前,我国出版的心理学刊物还有以下几种:① 《测验》是 1932 年 5 月由中国测验学会创刊的专业性杂志,专门发表关于测验的学术论文。共出版 9 期,于 1937 年 1 月出版最后一期之后停刊,计发表 100 余篇文章。《心理附刊》是中央大学日刊中每周一期的两页周刊,1934 年 11 月 20 日发刊,中间多次中断,1937 年 1 月 14 日以后完全停刊。该刊载文多为译文,由该校"心理学会同仁于研习攻读之暇所主持",其

---

① 杨鑫辉、赵莉如主编:《心理学通史》(第 2 卷),济南:山东教育出版社 2000 年版,第 209—212 页,第 217—226 页。

宗旨是"促进我国心理学正当的发展，提倡心理学的研究和推广心理学的应用"。该刊共出版45期，计发表文章59篇，其中译文47篇，多数文章都是分期连载。《中央研究院心理研究所丛刊》是中央研究院心理研究所印行的一种不定期刊物，专门发表动物学习和神经生理方面的实验研究报告或论文，共出版5期。同时心理研究所还出版了《中央研究院心理研究所专刊》，共发行10期。这两份刊物每一期为一专题论文，均为英文撰写，其中多篇研究报告都具有较高的学术价值。《心理教育实验专篇》是中央大学教育学院教育实验所编辑发行的一种不定期刊物，专门发表心理教育实验报告，共出版7期。1934年2月出版第1卷1期，1939年出版第4卷1期，此后停止刊行。

（三）建立教学和研究机构

1920年，南京高等师范学校教育科设立了心理学系，这是我国建立的第一个心理学系。不久，该校更名为东南大学，东南大学的心理学系仍属教育科。当时中国大学开设独立心理学系的只有东南大学。陈鹤琴任该校教务长，廖世承任教育科教授。在陆志韦的领导下，心理学系发展得较快，有"国内最完备的心理学系"之誉，心理学系配有仪器和设备先进的心理学实验室。1927年，东南大学与江苏其他八所高校合并成立第四中山大学，不久又更名为中央大学。中央大学完全承袭了东南大学的心理学仪器和图书，原注重理科的学科组成心理学系，隶属于理学院，潘菽任系主任。原注重教育的学科组成教育心理组，隶属于教育学系。1929年，教育心理组扩充为教育心理学系，隶属教育学院，艾伟为系主任。1932年，教育心理学系与理学院心理学系合并一系，隶属于教育学院，萧孝嵘出任系主任。1939年，中央大学教育学院改为师范学院，心理学系复归理学院，并在师范学院设立教育心理学所，艾伟出任所长。

1926年，北京大学正式建立心理学系。早在1919年，蔡元培在北京大学将学门改为学系，并在实行选科制时，将大学本科各学系分为五个学组，第三学组为心理学系、哲学系、教育系，当时只有哲学系存在，其他两系未能成立，有关心理学的课程都附设在哲学门（系）。1917年陈大齐在北京大学建立了中国第一个心理学实验室，次年他编写了我国第一本大学心理学教科书《心理学大纲》，该书广为使用，产生很大影响。1926年正式成立心理学系，并陆续添置实验仪器，使心理学实验室开始初具规模，不仅可以满足学生学习使用，教授也可以用来进行专门的研究。

1922年，庄泽宣回国后在清华大学（当时是清华学校时期）开始讲授普通心理学课程。1926年，清华大学将教育学和心理学并重而成立教育心理系。1928年3月1日，出版由教育心理系师生合编的刊物《教育与心理》（半年刊），时任系主任为主任编辑朱君毅，编辑牟乃祚和傅任敢。当年秋天清华大学成立心理学系，隶属于理学院，唐钺任心理学系主任，1930年起孙国华担任心理学系主任。1932年秋，清华大学设立心理研究所（后改称研究部），开始招收研究生。清华大学心理学系建立了一个在当时设备比较先进、完善的心理学实验室，其规模在当时中国心理学界内是数一数二的。

1923年7月，北京师范大学成立，其前身为北京高等师范学校。1920年9月张耀翔受聘于该校讲授心理学课，包括普通心理学、实验心理学、儿童心理学和教育心理学，并创建了一个可容十人的心理学实验室，可称得上当时中国第二个心理学室实验室。

1923年，郭任远受聘于复旦大学讲授心理学。当年秋季招收了十余名学生，成立心理学系，隶属于理科，初设人类行为之初步、实验心理学、比较心理学、心理学审明与翻译四门课程。1924年聘请唐钺讲授心理学史。郭任远曾将几百本心理学书籍杂志用作心理学系的图书资料，并募集资金添置实验仪器、动物和书籍杂志，其中动物就有鼠、鸽、兔、狗和猴等多种，以供实验和研究所用。至1924年，该系已经拥有了心理学、生理学和生物学方面中外书籍2000余册，杂志50余种。1925年郭任远募集资金盖了一个四层楼房，名为"子彬院"，将心理学系扩建为心理学院，并出任心理学院主任，这是当时国内唯一的一所心理学院。其规模居世界第三位，仅次于苏联巴甫洛夫心理学院和美国普林斯顿心理学院，故被称为远东第一心理学院。心理学院下拟设生物学系、生理学及解剖学系、动物心理学系、变态心理学系、社会心理学系、儿童心理学系、普通心理学系和应用心理学系等八个系，并计划将来变态心理学系附设精神病院，儿童心理学系附设育婴医院，应用心理学系附设实验学校。子彬院大楼内设有人类实验室、动物实验室、生物实验室、图书室、演讲厅、影戏厅、照相室、教室等。郭任远招揽了国内顶尖的教授到该院任教，在当时全国教育界享有"一院八博士"之誉。

1924年，上海大夏大学成立。最初在文科设心理学系，教育科设教育心理组，并建有心理实验室。1936年，扩充为教育学院教育心理学系，章颐年任系主任。当时该系办得很好，教育部特拨款添置设备，扩充实验室，增设动物心理实验室，并相继开展了多项动物心理研究。大夏大学心理学系很重视实践，自制或仿制实验仪器，并为其他大学心理学系代制心理学仪器，还印制了西方著名心理学家图片和情绪判断测验用图片，供心理学界同仁使用。该系师生还组织成立了校心理学会，创办儿童心理诊察所。大夏大学心理学系在心理学的应用和走向生活方面，属于当时国内心理学界的佼佼者。

1919年，燕京大学最早设立心理科。1920年刘廷芳赴燕京大学教授心理学课程，翌年经刘廷芳建议，心理学与哲学分家独立成系，隶属理学院，由刘廷芳兼任系主任，直至1925年。1926年燕京大学进行专业重组，心理学系隶属文学院。刘廷芳本年度赴美讲学，陆志韦赴燕京大学就任心理学系主任和教授。刘廷芳在美期间为心理学系募款，得到白兰女士（Mrs. Mary Blair）巨额捐助，心理学系的图书仪器设备得到充实，实验室因此命名为"白兰氏心理实验室"。

1929年，辅仁大学成立心理学系，首任系主任为德国人葛尔慈教授（Fr. Joseph Goertz），他曾师从德国实验心理学家林德渥斯基（Johannes Lindworsky），林德渥斯基是科学心理学之父冯特的学生。葛尔慈继承了德国实验心理学派的研究传统，在辅仁大学建立了在当时堪称一流的实验室，其实验仪器均是购自国外最先进的设备。

1927年6月,中山大学成立心理学系,隶属文学院,并创建心理研究所,聘汪敬熙为系、所的主任。他开设了心理学概论、心理学论文选读和科学方法专题等课程。1927年2月汪敬熙在美国留学期间,受戴季陶和傅斯年的邀请回国创办心理研究所,随即着手订购仪器。心理研究所创办时"已购有值毫银万元之仪器,堪足为生理心理学,及动物行为的研究之用,在设备上,在中国无可称二,即比之美国有名大学之心理学实验室,亦无多愧"①。

据《中华民国教育年鉴》统计,截止到1934年我国有国立、省立和私立大学共55所,其中有21所院校设立了心理学系(组)。至1937年之前,国内还有一些大学尽管没有成立心理学系,但通常在教育系下开设有心理学课程,甚至创建有心理学实验室,这些心理学力量同样也为心理学在中国的发展作出了重要贡献,如湖南大学教育学系中的心理学专业和金陵大学的心理学专业。

1928年4月,中央研究院正式成立,蔡元培任院长。心理研究所为最初计划成立的五个研究所之一,这是我国第一个国家级的心理学专门研究机构。1928年1月"中央研究院组织法"公布之后,心理研究所着手筹备,筹备委员会包括唐钺、汪敬熙、郭任远、傅斯年、陈宝锷、樊际昌等六人。② 1929年4月

---

① 引自阎书昌:《中国近现代心理学史(1872—1949)》,上海:上海教育出版社2015年版,第129页。
② 《中央研究院心理学研究所筹备委员会名录》,载《大学院公报》1928年第1期。

中央研究院决定成立心理研究所,于5月在北平正式成立,唐钺任所长。1933年3月心理研究所南迁上海,汪敬熙任所长。此时工作重点侧重神经生理方面的研究。1935年6月,心理研究所又由上海迁往南京。1937年,抗战全面爆发后,心理研究所迁往长沙,后到湖南南岳,又由南岳经桂林至阳朔,1940年冬,至桂林南部的雁山村稍微安定,才恢复了科研工作。抗战胜利后,1946年9月,心理研究所再次迁回上海。

(四)统一与审定专业术语

作为一个学科,其专业术语的定制具有重要的意义。1908年,清学部尚书荣庆聘严复为学部编订名词馆总纂,致力于各个学科学术名词的厘定与统一。学部编订名词馆是我国第一个审定科学技术术语的统一机构。《科学》发刊词指出:"译述之事,定名为难。而在科学,新名尤多。名词不定,则科学无所依倚而立。"[①] 庄泽宣留学回国之后发现心理学书籍越来越多,但是各人所用的心理学名词各异,深感心理学工作开展很不方便。1922年,中华教育改进社聘请美国教育心理测验专家麦柯尔(William Anderson McCall,1891—1982)来华讲学并主持编制多种测验。麦柯尔曾邀请朱君毅审查统计和测验的名词。随后他又提出要开展心理学名词审定工作,并打算邀请张耀翔来做这件事情,但后来把这件事情委托给了庄泽宣。庄泽宣声称利用这次机会,可以钻研一下中国的文字适用于科学的程度如何。庄泽宣首先利用华伦著《人类心理学要领》(*Elements of*

[①] 《发刊词》,载《科学》1915年第1卷第1期。

Human Psychology，1922）一书的心理学术语表，并参照其他的书籍做了增减，然后对所用的汉语心理学名词进行汇总。本来当时计划召集京津附近的心理学者进行商议，但是未能促成。庄泽宣在和麦柯尔商议之后，就开始"大胆定译名"，最后形成了译名草案，由中华教育改进社在1923年7月印制之后分别寄送给北京、天津、上海、南京的心理学家，以征求意见。最后由中华教育改进社于1924年正式出版中英文对照的《心理学名词汉译》一书。

继庄泽宣开展心理学名词审查之后，1931年清华大学心理系主任孙国华领导心理学系及清华心理学会全体师生着手编制中国心理学字典。此时正值周先庚回国，他告知华伦的心理学词典编制计划在美国早已公布，而且规模宏大，筹划精密，两三年内应该能出版。中国心理学字典的编译工作可以暂缓，待华伦的心理学词典出版之后再开展此项工作。1934年该系助教米景沅开始搜集整理英汉心理学名词，共计6000多词条，初选之后为3000多，并抄录成册，曾呈请陆志韦校阅，为刊印英汉心理学名词对照表做准备。而此时由国立编译馆策划，赵演主持的心理学名词审查工作也已开始，一改过去个人或小规模进行心理学名词编制工作的局面，组织了当时中国心理学界多方面的力量参与这项工作，并取得很好的成绩。

1935年夏天，商务印书馆开始筹划心理学名词的审查工作，由赵演主持，左任侠协助。商务印书馆计划将心理学名词分普通心理学、变态心理学、生理心理学、应用心理学和心理学仪器与设备五部分分别审查，普通心理学名词是最早开始审查的。

赵演首先利用华伦的《心理学词典》（Dictionary of Psychology）搜集心理学专业名词，并参照其他书籍共整理出2732个英文心理学名词。在整理英文心理学名词之后，他又根据49种重要的中文心理学译著，整理出心理学名词的汉译名称，又将散见于当时报刊上的一些汉译名词补入，共整理出3000多个。此后又将这些资料分寄给国内59位心理学家，以及13所大学的教育学院或教育系征求意见，此后相继收到40多位心理学家的反馈意见。这基本上反映了国内心理学界对这份心理学名词的审查意见。例如，潘菽在反馈意见中提到，心理学名词的审查意味着标准化，但应该是帮助标准化，而不能创造标准。心理学名词自身需要经过生存的竞争，待到流行开来再进行审查，通过审查进而努力使其标准化。[①] 经过此番的征求意见之后，整理出1393条心理学名词。此时成立了以陆志韦为主任委员的普通心理学名词审查委员会，共22名心理学家，审查委员会的成员均为教育部正式聘请。赵演还整理了心理学仪器名词1000多条，从中选择了重要的287条仪器名称和普通心理学名词一并送审。1937年1月19日在国立编译馆举行由各审查委员会成员参加的审查会议，最后审查通过了2000多条普通心理学名词，100多条心理学仪器名词（后来并入普通心理学名词之中）。1937年3月18日教育部正式公布审查通过的普通心理学名词。1939年5月商务印书馆刊行了《普通心理学名词》。赵演空难离世，致使原本拟定的变态心理学、生理心理学和应用心理学名

[①] 潘菽：《审查心理学名词的原则》，载《心理学半年》1936年第3卷1期。

词的审定工作中止了，当然，全面抗战的爆发也是此项工作未能继续下去的重要原因。

四、中国本土化：中国现代心理学的目标

早在1922年《心理》杂志的发刊词中就明确提出："中华心理学会会员研究心理学是从三方面进行：一、昌明国内旧有的材料；二、考察国外新有的材料；三、根据这两种材料来发明自己的理论和实验。办这个杂志，是要报告他们三方面研究的结果给大家和后世看。"[①]"发明自己的理论和实验"为中国早期心理学者提出了发展的方向和目标，就是要实现心理学的中国本土化。

自《心理》杂志创刊之后，有一批心理学文章探讨了中国传统文化中的心理学思想，例如余家菊的《荀子心理学》、汪震的《戴震的心理学》和《王阳明心理学》、无观的《墨子心理学》、林昭音的《墨翟心理学之研究》、金挢之的《孟荀贾谊董仲舒诸子性说》、程俊英的《中国古代学者论人性之善恶》和《汉魏时代之心理测验》、梁启超的《佛教心理学浅测》等。[②] 这些文章在梳理中国传统文化中心理学思想的同时，还提出建设"中国心理学"的本土化意识。汪震在《王阳明心理学》一文中提出："我们研究中国一家一家心理的目的，就是想造成一部有

---

　① 《本杂志宗旨》，载《心理》1922年第1卷1号。
　② 张耀翔：《从著述上观察中国心理学之研究》，载《图书评论》1933年第1期。

系统的中国心理学。我们的方法是把一家一家的心理学用科学方法整理出来,然后放在一处作一番比较,考察其中因果的关系,进一步的方向,成功一部中国心理学史。"① 景昌极在《中国心理学大纲》一文更为强调中国"固有"的心理学:"所谓中国心理学者,指中国固有之心理学而言,外来之佛教心理学等不与焉。"② 与此同时,中国早期心理学家还从多个维度上开展了面向中国人生活文化与实践的心理学考察和研究,为构建中国人的心理学或者说中国心理学进行了早期探索工作。例如,张耀翔以中国的八卦和阿拉伯数字为研究素材,用来测验中国人学习能力,尤其是学习中国文字的能力。③ 又如,罗志儒对1600多中国名人的名字进行等级评定,分析了名字笔画、意义、词性以及是否单双字与出名的关系。④ 再如,陶德怡调查了《康熙字典》中形容善恶的汉字,并予以分类、比较,由此推测国民对于善恶的心理,以及国民道德的特色和缺点,并提出了改进国民道德的建议。⑤ 这些研究并非是单纯的文本分析,既有利用中国传统文化中的资料为研究素材所开展的探讨,也有利用现实生活的资料为素材,探讨中国人的心理与行为规律。从这些研究中,我们可以看出中国早期开展的心理学研究对中西方

---

① 汪震:《王阳明心理学》,载《心理》1924年第3卷3号。
② 景昌极:《中国心理学大纲》,载《学衡》1922年第8期。
③ 张耀翔:《八卦研究》,载《心理》1922年第1卷2号。
④ 罗志儒:《出名与命名的关系》,载《心理》1924年第3卷第4号。
⑤ 引自阎书昌:《中国近现代心理学史(1872—1949)》,上海:上海教育出版社2015年版,第193页。

文化差异的关注和探索，对传统文化和生活实践的重视。

到了 20 世纪 30 年代，中国心理学在各个领域都取得了长足的发展，一些心理学家开始总结过去 20 年发展的经验和不足，讨论中国心理学到底要走什么样的道路。1933 年，张耀翔在《从著述上观察中国心理学之研究》一文中写道："'中国心理学'可作两解：（一）中国人创造之心理学，不拘理论或实验，苟非抄袭外国陈言或模仿他人实验者皆是；（二）中国人绍介之心理学，凡一切翻译及由外国文改编，略加议论者皆是。此二种中，自以前者较为可贵，惜不多见，除留学生数篇毕业论文（其中亦不尽为创作）与国内二三大胆作者若干篇'怪题'研究之外，几无足述。"[①] 可见，张耀翔明确提出要发展中国人自己的心理学。同年，汪敬熙在《中国心理学的将来》一文中提出了中国心理学的发展方向问题："心理学并不是没有希望的路走……中国心理学可走的路途可分理论的及实用的研究两方面说。……简单说来，就国际心理学界近来的趋势，和我国心理学的现状看去，理论的研究有两条有希望的路。一是利用动物生态学的方法或实验方法去详细记载人或其他动物自受胎起至老死止之行为的发展。在儿童心理学及动物心理学均有充分做这种研究的机会。这种记载是心理学所必需的基础。二是利用生理学的智识和方法去做行为之实验的分析"[②]，而实用的研究这条路则是工业心理的研究。汪敬熙的研究思想及成果对我

[①] 张耀翔：《从著述上观察中国心理学之研究》，载《图书评论》1933 年第 1 期。

[②] 汪敬熙：《中国心理学的将来》，载《独立评论》1933 年第 40 号。

国心理学的生理基础领域研究有着深远的影响。1937年，潘菽在《把应用心理学应用于中国》一文中提出："我们要讲的心理学，不能把德国的或美国的或其他国家的心理学尽量搬了来就算完事。我们必须研究我们自己所要研究的问题。研究心理学的理论方面应该如此，研究心理学的应用方面更应该如此。"只有"研究中国所有的实际问题，然后才能有贡献于社会，也只有这样，我们才能使应用心理学在中国发达起来。……我们以后应该提倡应用的研究，但提倡的并不是欧美现有的应用心理学，而是中国实际所需要的应用心理学。"①

上述这些论述包含着真知灼见，其背后隐含着我国第一代心理学家对心理学在中国的本土化和发展中国人自己心理学的情怀。发展中国的心理学固然需要翻译和引介西方的心理学，模仿和学习国外心理学家开展研究，但这并不能因此而忽视、漠视中国早期心理学家本土意识的萌生，并进而促进中国心理学的自主性发展。② 在中国现代心理学的各个领域分支中，都有一批心理学家在执着于面向中国生活的心理学实践工作的开展，其中有两个最能反映中国第一代心理学家以本土文化和社会实践为努力目标进行开拓性研究并取得丰硕成果的领域：一是汉字心理学研究，二是教育与心理测验。

---

① 潘菽：《把应用心理学应用于中国》，载《心理半年刊》1937年第4卷1期。

② Blowers, G. H., Cheung, B. T., & Han, R., Emulation vs. indigenization in the reception of western psychology in Republican China: An analysis of the content of Chinese psychology journals (1922—1937). *Journal of the History of the Behavioral Sciences*. 2009, 45 (1).

汉字是中国独特的文化产物。以汉语为母语的中国人在接触西方心理学的过程中很容易唤起本土研究的意识，引起那些接受西方心理学训练的中国留学生的关注，并采用科学的方法对其进行研究。20 世纪 20 年代前后中国国内正在兴起新文化运动，文字改革的呼声日渐高涨。最早开展汉字心理研究的是刘廷芳于 1916—1919 年在美国哥伦比亚大学所做的六组实验，其被试使用了 398 名中国成年人，18 名中国儿童，9 名美国成年人和 140 名美国儿童。① 其成果后来于 1923—1924 年在北京出版的英文杂志《中国社会与政治学报》(The Chinese Social and Political Science Review) 上分次刊载。1918 年张耀翔在哥伦比亚大学进行过"横行排列与直行排列之研究"②，1919 年高仁山 (Kao, J. S.) 与查良钊 (Cha, L. C.) 在芝加哥大学开展了汉语和英文阅读中眼动的实验观察，1920 年柯松以中文和英文为实验材料进行了阅读效率的研究。③ 自 1920 年起陈鹤琴等人花了三年时间进行语体文应用字汇的研究，并根据研究结果编成中国第一本汉字查频资料即《语体文应用字汇》，开创了汉字字量的科学研究之先河，为编写成人扫盲教材和儿童课本、读物提供了用字的科学依据。1921—1923 年周学章在桑代克的指

---

① 周先庚：《美人判断汉字位置之分析》，载《测验》1934 年第 3 卷 1 期。

② 艾伟：《中国学科心理学之发展》，载《教育心理研究》1940 年第 1 卷 3 期。

③ Tinker, M. A., Physiological psychology of reading. *Psychological Bulletin*, 1931, 28 (2). 转引自陈汉标：《中文直读研究的总检讨》，载《教育杂志》1935 年第 25 卷 10 期。

导下进行"国文量表"的博士学位论文研究,1922—1924年杜佐周在爱荷华州立大学做汉字研究。1923—1925年艾伟在华盛顿大学研究汉字心理,他获得博士学位回国后,一直致力于汉语的教与学的探讨,其专著《汉字问题》(1949)对提高汉字学习效能、推动汉字简化以及汉字由直排改为横排等,均产生了重要影响。1925—1927年沈有乾在斯坦福大学进行汉字研究并发表了实验报告,他是利用眼动照相机观察阅读时眼动情况的早期研究者之一。1925年赵裕仁在国内《新教育》杂志上发表了《中国文字直写横写的研究》,1926年陈礼江和卡尔在美国《实验心理学杂志》上发表关于横直读的比较研究。同一年,章益在华盛顿州立大学完成《横直排列及新旧标点对于阅读效率之影响》的研究,蔡乐生(Loh Seng, Tsai)在芝加哥大学设计并开展了一系列的汉字心理研究,并于1928年与亚伯奈蒂(E. Abernethy)合作发表了《汉字的心理学Ⅰ:字的繁简与学习的难易》一文[1],其后又分别完成了"字的部首与学习之迁移""横直写速率的比较""长期练习与横直写速率的关系"等多项实验研究。蔡乐生在研究中从笔画多少以及整体性的角度,首次发现和证明了汉字心理学与格式塔心理学的关联性。[2] 1925年周先庚于入学斯坦福大学之后,在迈尔斯指导下开展了汉字阅读心理的系列研究。他关于汉字横竖排对阅读影响的实验结

---

[1] 阎书昌:《中国近现代心理学史(1872—1949)》,上海:上海教育出版社2015年版,第162页。

[2] 蔡乐生:《为〈汉字的心理研究〉答周先庚先生》,载《测验》1935年第2卷2期。

果,证实了决定汉字横竖排利弊的具体条件。他并没有拘泥于汉字横直读的比较问题上,而是探索汉字位置和阅读方向的关系。周先庚受格式塔心理学的影响,从汉字的组织性视角来审视,一个汉字与其他汉字在横排上的格式塔能否迁移到竖排汉字的格式塔上,以及这种迁移对阅读速度影响大小的问题。他提出汉字分析的三个要素,即位置、方向及持续时间,其中位置是最为重要的要素。① 他在美国《实验心理学杂志》和《心理学评论》上分别发表了四篇实验报告和一篇理论概括性文章。他还热衷于阅读实验仪器的设计与改良,曾发明四门速示器(Quadrant Tachistocope)专门用于研究汉字的识别与阅读。

1920年前后有十多位心理学家从事汉字心理学的相关研究,其中既有中国留学生在美国导师指导下进行的研究,也有国内学者开展的研究,研究的主题多为汉字的横直读与理解、阅读效率等问题,这与当时新文化运动中革新旧文化和旧习惯思潮有着紧密联系,同时也受到东西方文字碰撞的影响,因为中国旧文字竖写,而西方文字横写,两种文字的混排会造成阅读的困扰。这些心理学家在当时开展汉字的心理学研究的方法涉及速度记录法、眼动记录、速示法、消字法等多种方法,而且还有学者专门为研究汉字研制了实验仪器,利用的中国语言文字材料涉及文言文散文、白话散文、七言诗句等,从而在国际心理学舞台上开创了一个崭新的研究领域,对于改变汉字此前在西方心理学研究之中仅仅被用作西方人不认识的实验材料的局

---

① Chou, S. K., Reading and legibility of Chinese characters. *Journal of Experimental Psychology*. 1929, 12 (2).

面具有重要的意义。① 汉字心理学研究对推动心理学的中国本土化作出了重要贡献，同时也为国内文字改革提供了科学的实验依据，正如蔡乐生所说："我向来研究汉字心理学的动机是在应用心理学实验的技术，求得客观可靠的事实，来解决中国字效率的问题。"②

在中国现代心理学发展历程中一向重视心理测验工作，测验一直与教育有着密切联系，在此基础上，逐渐向其他领域不断扩展。在20世纪20年代，仅《心理》杂志就刊载智力测验类文章14篇，教育测验类文章11篇，心理测验类文章3篇，职业测验类文章1篇。另外，还介绍其他杂志上测验类文章57篇。这反映了20年代初期国内心理与教育测验发展迅猛。

陈鹤琴与廖世承最早开拓了中国现代心理与教育测验事业，大力倡导、践行这一领域的工作。陈鹤琴在国内较早发表了《心理测验》③《智力测验的用处》④ 等文章。1921年他与廖世承合著的《智力测验法》是我国第一部心理测验方面著作。该书介绍个人测验与团体测验，其中23种直接采用了国外的内容，12种根据中国学生的特点自行创编。该书被时任南京高师校长

---

① 例如1920年赫尔（Clark Leonard Hull）、1923年郭任远都曾利用汉字做过实验素材。
② 蔡乐生：《为〈汉字的心理研究〉答周先庚先生》，载《测验》1935年第2卷2期。
③ 陈鹤琴：《心理测验》，载《教育杂志》1921年第13卷1期。
④ 陈鹤琴：《智力测验的用处》，载《心理》1922年第1卷1号。

郭秉文赞誉为："将来纸贵一时，无可待言。"① 陈鹤琴还自编各种测验，如"陈氏初小默读测验""陈氏小学默读测验"等。他的默读测验、普通科学测验和国语词汇测验被冠以"陈氏测验法"。② 后又著有《教育测验与统计》（1932）和《测验概要》（与廖世承合著，1925）等。③ 廖世承在团体测验编制上贡献最大，1922年美国哥伦比亚大学心理学教授、测验专家麦柯尔来华指导编制各种测验，廖世承协助其工作。廖世承编制了"道德意识测验"（1922）、"廖世承团体智力测验"（1923）、"廖世承图形测验"（1923）和"廖世承中学国语常识测验"（1923）等。1925年他与陈鹤琴合著的《测验概要》出版，该书强调从中国实际出发，"书中所举测验材料，大都专为适应我国儿童的"。④ 该书奠定了我国中小学教育测验的基础，在当时处于领先水平。这一年也被称为"廖氏之团体测验年"，是教育测验上的一大创举。⑤ 1924年，陆志韦从中国实际出发，主持修订《比纳-西蒙量表》，并公布了《订正比纳-西蒙智力测验说明书》。

---

① 北京市教育科学研究所编：《陈鹤琴全集》（第5卷），南京：江苏教育出版社1991年版，第384页。

② 据《中华教育改进社第三次会务报告》记载，截至1924年6月，该社编辑出版的19种各类学校测验书籍中，陈鹤琴编写的中学、小学默读测验和常识测验书籍有5本。

③ 北京市教育科学研究所编：《陈鹤琴全集》（第5卷），南京：江苏教育出版社1991年版，第653页。

④ 北京市教育科学研究所编：《陈鹤琴全集》（第5卷），南京：江苏教育出版社1991年版，第653页。

⑤ 许祖云：《廖世承、陈鹤琴〈测验概要〉：教育测验的一座丰碑》，载《江苏教育》2002年19期。

1936年，陆志韦与吴天敏合作，再次修订《比纳-西蒙测验说明书》，为智力测验在我国的实践应用和发展起到了推动作用。

1932年，《测验》杂志创刊，对心理测验与教育测验工作产生了极大地推动作用，在该杂志上发表了许多文章讨论测验对中国教育的价值和功用。在我国心理测验的发展历程中，还有一批教育测验的成果，如周先庚主持的平民教育促进会的教育测验成果。20世纪30年代，对心理与教育测验领域贡献最大的是同在中央大学任职的艾伟和萧孝嵘。艾伟从1925年起编制中小学各年级各学科测验、儿童能力测验及智力测验，如"中学文白理解力量表""汉字工作测验"等八种，"小学算术应用题测验""高中平面几何测验"等九种，大、中学英语测验等四种。这些测验的编制，既是中国编制此类测验的开端，也为心理测量的中国化奠定了基础。艾伟还于1934年在南京创办试验学校，直接运用测验于教育，以选拔儿童，因材施教。萧孝嵘于20世纪30年代中期从事各种心理测验的研究。1934年着手修订"墨跋智力量表"，他还修订了古氏（Goodenough）"画人测验"、普雷塞（Pressey）"XO测验"、莱氏（Laird）"品质评定"、马士道（Marston）"人格评定"和邬马（Woodworth-Matheus）"个人事实表格"等量表。抗战全面爆发后，中央大学迁往陪都重庆，他订正数种"挑选学徒的方法"，编制几项"军队智慧测验"。萧孝嵘强调个体差异，重视心理测验在教育、实业、管理、军警中的应用。

五、国际参与性：中国现代心理学的影响

我们完全可以说，我国第一代心理学家的研究水平和国外第二代或第三代心理学家的研究水平是处在同一个起跑线上的，他们取得了极高的学术成就，为我国心理学赢得了世界性荣誉。就中国心理学与国外心理学的差距来说，当时的差距远小于今天的差距。当然，今天的差距主要是中国心理学长期的停滞所造成的结果。中国留学生到国外研修心理学，跟随当时西方著名心理学家们学习和研究，他们当中有人在学习期间就取得了很大成就，产生了国际学术影响。例如，陆志韦应用统计和数学方法对艾宾浩斯提出的记忆问题进行了深入的研究，提出许多新颖的见解，修正了艾宾浩斯的"遗忘曲线"。又如，陈立对其老师斯皮尔曼的G因素不变说提出了质疑，被美国著名心理测验学家安娜斯塔西在其《差异心理学》一书中加以引用。后来心理学家泰勒在《人类差异心理学》一书中将陈立的研究成果评价为G因素发展研究中的转折点。[1] 下面具体介绍三位在国际心理学界产生更大影响的中国心理学家的主要成就。

（一）郭任远掀起国际心理学界的反本能运动

郭任远在美国读书期间，就对欧美传统心理学中的"本能"学说产生怀疑。1920年在加利福尼亚大学举行的教育心理学研讨会上，他作了题为《取消心理学上的本能说》的报告，次年

---

[1] 车文博：《学习陈老开拓创新的精神，开展可持续发展心理学的研究》，载《应用心理学》2001年第1期。

同名论文在美国《哲学杂志》上发表。他说："本篇的主旨，就是取消目下流行的本能说，另于客观的和行为的基础上，建立一个新的心理学解释。"① 郭任远尖锐地批评了当时美国心理学权威麦独孤的本能心理学观点，指出其关于人的行为起源于先天遗传而来的本能主张是错误的，认为有机体除受精卵的第一次动作外，别无真正不学而能的反应。该文掀起了震动美国心理学界关于"本能问题"的大论战。麦独孤于1921—1922年撰文对郭任远的批评进行了答辩，并称郭任远是"超华生"的行为主义者。行为主义心理学创始人华生受郭任远这篇论文及其以后无遗传心理学研究成果的影响，毅然放弃了关于"本能的遗传"的见解，逐渐转变成为一个激进的环境决定论者②。郭任远后来说："在1920—1921年的一年间虽然有几篇内容相近的、反对和批评本能的论文发表，但是在反对本能问题上，我就敢说，我是最先和最彻底的一个人。"③

1923年，郭任远因拒绝按照学术委员会的意见修改学位论文而放弃博士学位回国任教④，此后其主张更趋极端，声称不但要否认一切大小本能的存在，就是其他一切关于心理遗传观念和不学而能的观念都要一网打尽，从而建设"一个无遗传的行

---

① Kuo, Z. Y., Giving up instincts in psychology. *The Journal of Philosophy*. 1921, 18 (24).
② Hothersall, D., *History of Psychology* (*Fourth Edition*). New York: McGraw-Hill, 2004, p. 482.
③ 郭任远：《心理学与遗传》，上海：商务印书馆1929年版，第237页。
④ 1936年，在导师托尔曼的帮助下，郭任远重新获得博士候选人资格，并获得博士学位。

为科学"。[①] 他明确指出："(1) 我根本反对一切本能的存在,我以为一切行为皆是由学习得来的。我不仅说成人没有本能,即使是动物和婴儿也没有这样的东西。(2) 我的目的全在于建设一个实验的发生心理学。"为了给他的理论寻找证据,郭任远做了一个著名的"猫鼠同笼"的实验。该实验证明,猫捉老鼠并不是从娘胎生下来就具有的"本能",而是后天学习的结果。后来郭任远又以独创的"郭窗"(Kuo window)方法研究了鸡的胚胎行为的发展,即先在鸡蛋壳开个透明的小窗口,然后进行孵化,在孵化的过程中对小鸡胚胎的活动进行观察。该研究证明了,一般人认为小鸡一出生就有啄食的"本能"是错误的,啄食的动作是在胚胎中学习的结果。这些实验在今天仍被人们奉为经典。郭任远于1967年出版的专著《行为发展之动力形成论》[②],用丰富的事实较完善地阐述了他关于行为发展的理论,一时轰动西方心理学界。

在郭任远逝世2周年之际,1972年美国《比较与生理心理学》杂志刊载了纪念他的专文《郭任远:激进的科学哲学家和革新的实验家》,并以整页刊登他的照片。该文指出:"郭任远先生的胚胎研究及其学说,开拓了西方生理学、心理学新领域,尤其是对美国心理学的新的理论研究开了先河,有着不可磨灭的贡献。""他以卓尔不群的姿态和勇于探索的精神为国际学术

[①] Kuo, Z. Y., A psychology without heredity. *The Psychological Review*. 1924, 31 (6), pp. 427—448.

[②] Kuo, Z. Y., *The dynamics of behavior development: An epigenetic view*. New York: Random House. 1967.

界留下一笔丰厚的精神财富"。① 这是《比较与生理心理学》创刊以来唯一一次刊文专门评介一个人物。郭任远是被选入《实验心理学100年》一书中唯一的中国心理学家②，他也是目前唯一一位能载入世界心理学史册的中国心理学家。史密斯（N. W. Smith）在《当代心理学体系——历史、理论、研究与应用》（2001）一书的第十三章中，将郭任远专列一节加以介绍。③

（二）萧孝嵘澄清美国心理学界对格式塔心理学的误解

格式塔心理学是西方现代心理学的一个重要派别，最初产生于德国，其三位创始人是柏林大学的惠特海墨、苛勒和考夫卡。1912年惠特海墨发表的《似动实验研究》一文是该学派创立的标志。1921年他发表的《格式塔学说研究》一文是描述该学派的最早蓝图。1922年考夫卡据此文应邀为美国《心理学公报》撰写了一篇《知觉：格式塔理论引论》④，表明了三位领导人的共同观点，引起美国心理学界众说纷纭。当时美国心理学界对于新兴的格式塔运动还不甚了解，甚至存在一些误解。针对这种情况，正在美国读书的中国学生萧孝嵘，于1927年在哥伦比亚大学获得硕士学位后即前往德国柏林大学，专门研究格

---

① Gottlieb. G. , Zing-Yang Kuo: Radical Scientific Philosopher and Innovative Experimentalist （1898—1970）. *Journal of Comparative and Physiological Psychology*. 1972, 8 (1).

② 马前锋：《中国行为主义心理学家郭任远——"超华生"行为主义者》，载《大众心理学》2006年第1期。

③ Smith, N. W. 著，郭本禹等译：《当代心理学体系》，西安：陕西师范大学出版社2005年版，第332—336页。

④ Koffka, K. , Perception: An introduction to Gestalt-theorie. *Psychological Bulletin*. 1922, 19.

式塔心理学。他于次年在美国发表了两篇关于格式塔心理学的论文《格式塔心理学的鸟瞰观》[1]和《从1926年至1927年格式塔心理学的某些贡献》[2]，比较系统明晰地阐述了格式塔心理学的主要观点和最新进展。这两篇文章在很大程度上澄清了美国心理学界对格式塔心理学的错误认识，受到著名的《实验心理学史》作者、哈佛大学心理学系主任波林的好评。同一年他将其中的《格式塔心理学的鸟瞰观》稍作增减后在国内发表。[3] 此文引起在我国最早译介格式塔心理学的高觉敷的关注，他建议萧孝嵘撰写一部格式塔心理学专著，以作系统深入的介绍。萧孝嵘于1931年在柏林写就《格式塔心理学原理》，他在此书"缘起"中指出："往岁上海商务印书馆高觉敷先生曾嘱余著一专书……此书之成，实由于高君之建议。""该书专论格式塔心理学之原理。这些原理系散见于各种著作中，而在德国亦尚未有系统的介绍。"[4] 这本著作是我国心理学家在1949年之前出版的唯一一本有关格式塔心理学原理的著作，在心理学界产生了很大的影响。当时在美国有关格式塔心理学原理的著作，仅有苛勒以英文撰写的《格式塔心理学》（*Gestalt Psychology*）于

---

[1] Hsiao, H. H., A suggestive review of Gestalt psychology. *Psychological Review*. 1928, 35 (4).

[2] Hsiao, H. H., Some contributions of Gestalt psychology from 1926 to 1927. *Psychological Bulletin*. 1928, 25 (10).

[3] 萧孝嵘：《格式塔心理学的鸟瞰观》，载《教育杂志》1928年第20卷9号。

[4] 萧孝嵘：《格式塔心理学原理》，上海：国立编译馆1934年版，"缘起"第1页。

1929年出版，而考夫卡以英文写作的《格式塔心理学原理》（*Principles of Gestalt Psychology*）则迟至1935年才问世。

（三）戴秉衡继承精神分析社会文化学派的思想

戴秉衡（Bingham Dai）于1929年赴芝加哥大学学习社会学，1932年完成硕士学位论文《说方言》。他在分析过若干说方言者的"生命史"与"文化模式"之后，提出一套"社会心理学"的解释："个体为社会不可分割之部分，而人格是文化影响的产物。"① 同年，戴秉衡在攻读芝加哥大学社会学博士学位时，结识并接受精神分析社会文化学派代表人物沙利文的精神分析，沙利文还安排他由该学派的另一代表人物霍妮督导。沙利文和霍妮都反对弗洛伊德的正统精神分析，提出了精神分析的社会文化观点，像他的导师们一样，戴秉衡不仅仅根据内心紧张看待人格问题，而是从社会文化背景理解人格问题。② 1936年至1939年，戴秉衡在莱曼（Richard S. Lyman）任科主任的私立北平协和医学院（北京协和医学院的前身）神经精神科从事门诊、培训和研究工作。拉斯威尔在1939年的文章指出，受过社会学和精神分析训练的戴秉衡在协和医学院的工作为分析"神经与精神症人格"，借以发现"特定文化模式整合入人格结构中

---

① 转引自王文基：《"当下为人之大任"——戴秉衡的俗人精神分析》，载《新史学》2006年第17卷第1期。

② Blowers, G., Bingham Dai, Adolf Storfer, and the tentative beginnings of psychoanalytic culture in China, 1935－1941. *Psychoanalysis And History*. 2004, 6 (1).

之深度"。①

1939年，戴秉衡返回美国，先后在费斯克大学、杜克大学任教。此后，他以在北平协和医学院工作期间收集到的资料继续沿着沙利文的思想进行研究，发表了多篇论文，成为美国代表沙利文学说的权威之一。他在《中国文化中的人格问题》② 一文中分析了中国患者必须面对经济与工作、家庭、学业、社会、婚外情等社会问题。他在《战时分裂的忠诚：一例通敌研究》③ 一文提出疾病来自于社会现实与自我的冲突，适应是双向而非单向的过程，也提出选择使用"原初群体环境"概念取代弗洛伊德的"俄狄浦斯情结"。他重点关注文化模式与人格结构之间的互相作用，并不重视弗洛伊德主张童年经验对个体以后心理性欲发展影响的观点，他更加关注的是"当下"。他也不赞同弗洛伊德的潜意识和驱力理论，始终从意识、社会意识、集体意识出发，思考精神疾病的起因及中国人格结构的生成。他还创立了自己独特的分析方法，被称为"戴分析"（Daianalysis）。据曾在杜克大学研修过的我国台湾叶英堃教授回忆："在门诊部进修时，笔者被安排接受Bingham Dai教授的'了解自己'的分析会谈……Dai（戴）教授是中国人，系中国大陆北京协和医院

---

① 转引自王文基：《"当下为人之大任"——戴秉衡的俗人精神分析》，载《新史学》2006年第17卷第1期。

② Dai, B., Personality problems in Chinese culture. *American Sociological Review*. 1941, 6 (5).

③ Dai, B., Divided loyalty in war: A study of cooperation with the enemy. *Psychiatry: Journal of the Biology and Pathology of Interpersonal Relationships*. 1944, 7 (4).

的心理学教授……为当时在美国南部为数还少的 Sullivan 学说权威学者之一。"①

六、名著丛编：中国现代心理学的掠影

我国诸多学术史研究都存在"远亲近疏"现象。就我国的心理学史研究来说，对中国古代心理学史和外国心理学史研究较多，而对中国近现代心理学史研究较少。中国近现代心理学史研究一直相对粗略，连心理学专业人士对我国第一代心理学家的生平和成就的了解都是一鳞半爪，知之甚少。新中国成立后，由于长期受到左倾思想的影响，心理学不受重视乃至遭到批判甚至被取消，致使大多数主要学术活动在民国期间进行的中国第一代心理学家受到错误批判，一部分新中国成立前夕移居台湾和香港地区或国外的心理学家的研究与思想，在过去较长一段时期内，更是人们不敢提及的研究禁区。这不能不说是我国心理学界的一大缺憾！民国时期的学术是中国现代学术史上成就极大的时期，当时的中国几乎成为世界学术的缩影。就我国心理学研究水平而言，更是如此。中国现代心理学作为现代学科体系中重要的组成部分，正是在民国期间确立的，它是我国当代心理学发展的思想源头，我们不能忘记这一时期中国心理学的学术成就，不能忘记中国第一代心理学家的历史贡献。

---

① 王浩威：《1945 年以后精神分析在台湾的发展》，载施琪嘉、沃尔夫冈·森福主编：《中国心理治疗对话·第 2 辑·精神分析在中国》，杭州：杭州出版社 2009 版，第 76 页。

我国民国时期出版了一批高水平、有影响力的心理学著作①，它们作为心理学知识的载体对继承学科知识、传播学科思想、建构中国人的心理学文化起到了重要作用。但遗憾的是，民国期间的心理学著作大多数都被束之高阁，早已被人们所忘却。我们编辑出版的这套"二十世纪中国心理学名著丛编"，作为民国时期出版的心理学著作的一个缩影或窗口，借此重新审视和总结我国这一时期心理学的学术成就，以推进我国当前心理学事业的繁荣和发展。"鉴前世之兴衰，考当今之得失"，这正是我们编辑出版这套"丛编"的根本出发点。

这套"丛编"的选编原则是：第一，选编学界有定评、学术上自成体系的心理学名作；第二，选编各心理学分支领域的奠基之作或扛鼎之作；第三，选编各心理学家的成名作品或最具代表之作；第四，选编兼顾反映心理学各分支领域进展的精品力作；第五，选编兼顾不同时期（1918—1949）出版的心理学优秀范本。

郭本禹、阎书昌
2017 年 7 月 18 日

---

① 北京图书馆依据北京图书馆、上海图书馆和重庆图书馆馆藏的民国时期出版的中文图书所编的《民国时期总书目》（1911—1949），基本上反映了这段时期中文图书的出版面貌，是当前研究民国时期图书出版较权威的工具书。它是按学科门类以分册形式出版的，根据对其各分册所收录的心理学图书进行统计，民国时期出版的中文心理学图书共计 560 种，原创类图书约占 66%，翻译类图书约占 34%。参见何姣、胡清芬：《出版视阈中的民国时期中国心理学发展史考察——基于民国时期心理学图书的计量分析》，载《心理学探新》2014 年第 2 期。

特约编辑前言

人格心理学是心理学的重要分支之一。"personality"一词源于拉丁文"persona",原指面具,面具代表着角色的典型特征。"personality"最早由日本学者译为"人格",也可理解为人性。人格是决定个人特有的思想和行为的内在心理生理系统的动力组织,既具有稳定性,又兼有一定的可变性。人格心理学作为一门心理学分支是以奥尔波特(Gordon W. Allport)于1937年出版的《人格:一种心理学的解释》(*Personality*:*A Psychological Interpretation*)和莫瑞(Henry A. Murray)于1938年出版的《人格探索》(*Explorations in Personality*)两书为标志。此后,人格的心理学研究才得以蓬勃开展,人格心理学逐渐发展成为心理学的研究领域,各个大学的心理学系也相继开设了人格心理学课程。

我国古代有很多思想家的观点中包含人格心理学的思想。如孔子从道德上将人分为君子与小人,从智力上将人分为上智、中人与下愚,他还认为人格中既有天性的部分,又有环境和后天养成的部分。我国传统医学提出了体质理论，通过五行将人划分为阴阳五态，太阴之人、少阴之人、太阳之人、少阳之人与阴阳平和之人，在此基础上还发展出了更为细致的阴阳二十五种人。但作为现代学术形态，我国第一本以"人格心理学"命名的著作面世是在民国三十六年，即1947年。它也是我国第一本系统、科学地探讨人格心理问题的著作（同一时期，也还有其他一些著作和研究，比如，1944年出版的阮镜清的《性格类型学概论》，林传鼎分析历史人物进行研究，但这些著作和研究均没有系统性，尚不能构成一门学科）。该书由我国心理学家朱道俊先生撰写，上海商务印书馆出版，1948年再版。而后，1954年、1960年、1967年、1972年、1987年经台湾商务印书馆再版。

朱道俊先生于1913年2月出生于江西省兴国县，毕业于南京中央大学，获教育心理学硕士学位。他曾任湖北省教育厅视察、编审和督学，社会教育学院副教授、中正大学副教授和教授、幼稚教育专科学校教授、国防医学院教授、中兴大学教授，台湾中国文化学院教授、中原理工学院教授、辅仁大学教授、中兴大学教授等职。其主要著作有《领导品质实验研究》《人格心理学》《教育与心理之统计》《心理学要事年表》《著名心理学家小传》等。

一、内容简介

朱道俊先生的《人格心理学》一书共七章，内容涵盖了人格心理学的理论、相关研究、测量方法以及学科知识的应用。

本书第一章为不同心理学家对人格的不同定义，第二章阐述人格的影响因素，主要从个人与社会两个角度进行说明，第三章对人格类型进行了划分，第四章涉及人格的测量方法，第五章列举了人格的适应与补偿机制，第六章是人格的统一与分裂，介绍了多种人格疾病以及相应的治疗流派与方法，第七章对前面各章内容进行了总结。《人格心理学》一书对当时本领域的内容进行了梳理与述评，在今天仍然具有一定的参考价值。下面将对本书各个章节的内容进行介绍，供读者阅读时参考。

（一）人格之意义

心理学对于人格没有统一的定义，不同心理学家对人格的界定不尽相同。在本书的第一章，作者罗列了多位名家对于"人格"一词的看法。比如盖茨（A. I. Gates）认为人格是具有社会意义且可以影响他人的特质；华生（Watson）站在行为主义的立场认为人格是我们的习惯系统，是行为事件的总和。奥尔波特（Allport）则认为人格是个体对环境进行适应时心身系统中内在的动力组织；华伦（H. C. Warren）的看法比较折中，他认为人格的内涵非常广泛，包括智慧、气质、技能、德行等多个方面。心理学家们对人格的定义众说纷纭，朱道俊总结后指出，人格有如下四个特征：（1）人格是个体行为品质的组合，且具有统一性；（2）人格具有独特性，因人而异；（3）人格是动态的组织，人格的表现要从其与环境的关系进行考量；（4）个体的体格、智慧、情绪、气质与习惯都是人格的决定要素。

（二）决定人格之因素

第二章阐述了人格的决定因素，作者将其划分为个人与社会两块进行说明。从个人角度来说，决定因素之一是个人的身体或解剖特质，俗语"心宽体胖"正是这个道理，当然近年有研究显示肥胖与压力或焦虑所导致的过度进食有关。又有老话说"矮子多古怪"，作者认为身材矮小的人可能因为体型上不如人而导致性情偏急只求速成。德国精神病学家克瑞奇默（Kretschmer）根据体型把人分成肥胖型、瘦长型、筋骨型三种，他认为肥胖型的人善交际、热情、平易近人；瘦长型的人不善交际、孤僻、多思虑；筋骨型的人认真、理解缓慢、行为较冲动。关于身体特质如何影响人格发展，心理学家阿德勒（Adler）在他的著作中有过详细的解释，同时阿德勒本人也是因为身体特征而影响人格发展的典型例子。出于对身体形象的自卑感他在其他方面不断追求优越感，并最终在心理学上有所建树。

决定因素之二是个人的知识能力。朱道俊将知识能力划分为先天的智慧和后天的教育两种，从某种意义来说，即为我们所说的晶体智力与流体智力。决定因素之三是个体的气质类型。与人格类型不同，气质更多强调的是先天的部分。早在古希腊罗马时期，希波克拉底、盖伦等人就对体液与气质的概念进行了阐述，将气质分为胆汁质、多血质、粘液质、抑郁质四种。决定因素之四是个体的需求与动机，需求与动机促使人采取行动，而人格为行为的综合，因此它们对人格的影响也就不难理解了。决定因素之五是个体的生理因素，比如新陈代谢、血型血压等，个体对事件的反应是包含着生理变化的。对于同一压力事件，个体的生理反应会有很大差别，比如一场面试，有的人会心跳加速、面部泛红，而有的人则没有这么明显的生理变化。除了上述五种个人决定因素外，还有技巧、习惯等后天因素，即个体从环境中习得的东西，但作者并未做详细介绍。

个人与社会是相互影响、相互作用的关系。社会环境的概念是宽泛的，既包括地理上的也包括文化上的。处在不同地理环境中的个体受到纬度、温度、地势等影响会发展出不一样的人格，比如赤道附近的人和长期生活在高寒地带的人可能有着截然不同的脾气秉性。文化对人的影响也十分重要，首先是不同的国家制度下个体的人格特征不同，许多跨文化的研究都证明了这一点。比如美国人和中国人在很多价值观上是相异的，美国人更看重个人的独立和自由，中国人更看重社会角色和权力距离。其次，除了不同国家间的差异，同一国家不同群体间的文化也是不同的。如不同阶层的文化差异，处在高阶层的个体更加关注自身，而低阶层的个体受到各种限制不得不比高阶层更加关注环境与他人。作者认为在复杂的社会因素中，家庭与学校对人格的影响最大。首先是家庭，婴儿出生在家庭当中，不同父母的养育风格不同，从而在成长的过程中个体发展出不同的人格特点，专制型父母与民主型父母教养出来的孩子在处事风格上必然是有差异的。除去父母教养风格，产序也会对个体人格的发展产生影响。阿德勒的理论对此有详尽的解释，比如他认为长子会因为弟弟妹妹的压力而产生被追赶的焦虑，次子会因为想要超过长子而产生竞争感，而独子则会比有兄弟姐妹的个体更加任性。其次在学校里，老师对待孩童的态度以及孩童人际关系的发展也会作用于人格的发展，如果一个人长期受到老师的忽视和同伴的孤立,他是很难发展出健康稳定的人格的。

作者指出,一个人的人格是个人因素与社会环境共同作用的结果,并没有孰轻孰重的分别,人格是长期发展的结果,若想要培养出健全的、适应社会的人格,个人与社会的作用都不可忽视。

(三)人格类型

本书第三章介绍了不同心理学家对于人格类型的划分。朱道俊将不同的人格划分方法归为了四类。两类是从观点出发,一些心理学家对人格类型划分以早期的气质类型为依据;另一些心理学家则认为人格具有方向性,并以此作为划分的依据;第三类是站在生理的角度用内分泌腺与血型进行划分,还有不是按照上述三种方法分类的人格类型理论。

四分法的人格理论都以气质类型学说为基本依据,对四种气质类型进行描述。比如格林(Green)认为胆汁质的个体热烈易怒,多血质的个体热诚易变,粘液质的个体迟钝冷淡,抑郁质的个体抑郁忧愁,从格林的定义来看,孙悟空是多血质的,张飞是胆汁质的,沙和尚是粘液质的,林黛玉是抑郁质的。冯特(Wundt)是从感情活动程度的强弱以及发生的速度来定义这四种人格类型的,他认为多血质个体的感情活动速而弱,胆汁质个体的感情活动速而强,抑郁质个体的感情活动缓而强,粘液质个体的感情活动缓而弱。除此之外,还有赫尔巴特(Herbart)、艾宾浩斯(Ebbinghaus)、缪曼(Meumann)等人都是通过定义四种气质类型来对人格进行划分。而海曼斯

（Heymans）则在四种气质类型的基础上发展出了八种人格类型，分别是神经型、多情型、多血型、粘液型、胆液型、急性型、无状型和无情型。这八种人格类型是以情绪强弱、活动程度、初级功用和次极功用二者的比例为根据的。神经型的人情绪颇强，活动不多，初级功用占优势；多情型的人富有情感，活动不多，次级功用占优势；多血型的人情绪不强而极活泼，初级功用占优势；粘液型的人情绪不强，颇为活泼，次级功用占优势；胆液型的人富于情绪，颇为活泼，初级功用占优势；急性型的人富于情绪，颇为活泼，次级功用占优势；无状型的人情绪不强，活动甚少，初级功用占优势；无情型的人情绪不强，活动甚少，次级功用占优势。

将人格类型进行二分的心理学家则持有人格是两方向发展的观点。比如詹姆斯（James）认为人可以分为刚性（Tough minded，硬心肠）与柔性（Tender minded，软心肠）两种，刚性与柔性是一个特征的两极。柔心肠的人是唯理主义者、观念论者、宗教家、自由意志论者、一元论者和独断论者，硬心肠的人是经验主义者、感觉主义者、唯物论者、反宗教家、定命论者、多元论者，和怀疑论者。荣格（Jung）根据心力的方向将人分为外向型与内向型，又认为可以根据机能的合理与否对人格进行划分，合理的机能又有思考与感情两种，感觉和直觉则是不合理的机能。于是有八种类型：思考的外向型、感情的外向型、感情的外向型、直觉的外向型、思考的内向型、感情的内向型、感觉的内向型和直觉的内向型。

从生理的角度出发，柏尔曼（Berman）根据内分泌的种类将人格划分为五种：甲状腺型、脑下垂体分泌型、肾上腺分泌活动型、副甲状腺型以及性腺过分活动型。柏尔曼认为甲状腺分素分泌充足的人感觉灵敏，意志坚强，有过分的野心和专制的趋向；不足的人则懒惰，智力低，且行动迟缓，缺乏感情。脑下垂体分泌充足的人肌肉强而有力，尚进取，自制能力强，做事皆有计划；分泌不足的人良善而诙谐，能忍耐、善思虑、驯良而胆怯，对于各方面的痛苦都能忍受。肾上腺素分泌充足的人在各方面的发展皆有早熟的情形。副甲状腺素分泌充足的人表现安定，胆肉无力且缺乏兴趣；分泌不足的人有轻举妄动不能自制的倾向，而且注意力差，容易感觉疲劳。性腺分泌过多的人进攻的行为极猛烈；分泌不足则攻击性低，对于艺术文学和音乐比一般人更感兴趣。根据 O、A、B、AB 血型进行划分，古川竹二认为 A 型人格消极保守，B 型人格积极进取，AB 型人格兼具两面，O 型人格也是积极进取的。

还有一些人格分类的理论不能划归到以上三种方法当中，但是同样很有道理，作者也对他们进行了介绍。斯普兰格（Spranger）根据人类所追求的文化价值将人格划分为六类，即理论型、经济型、审美型、社会型、权力型与宗教型，但斯普兰格也指出纯粹的某种类型的个体是不存在的，出于各种原因，多数人都是不同类型的混合。亨利（Henri）根据被试对实验方法的叙述将被试的人格划分为四类：叙述型、观察型、情绪型与学问型。科恩（Cohn）根据被试对火车站见闻的描述，将人格类型分为四种：第一种人叙述无关的细目，第二种人倾向于叙述个人经验，第三种人对车站见闻作关联叙述，第四种人的叙述方法带有伦理取向或能反映社会现象。

最后，作者认为虽然各家的心理学理论不同，对人格类型的划分依据不同，但每种方法并无好坏优劣之分，都可以对我们有所启示，为我们所借鉴。

（四）人格的测量

作者在第四章介绍了人格测量的各种方法，既有在今天看来不太成熟甚至不太科学的星术学、面相学等方法，也有科学的测量方法如描写法、问卷法、实验法等。作者首先追溯了我国古人对于一个人人格判断的方法。孔子云："视其所以，观其所由，察其所安，人焉廋哉，人焉廋哉！"（《论语·为政篇》）意思是我们面对一个人，了解他言行的动机，观察他为达到目的所采取的手段，考察他在安心干什么，这样，这个人怎能隐藏得了呢？孟子曰："诐辞知其所蔽，淫辞知其所陷，邪辞知其所离，遁辞知其所穷。"（《孟子·公孙丑上》）大意是听了片面的言辞，就知道他有所蒙蔽；听了放荡的言辞，就知道他有所堕落；听了邪僻的言辞，就知道他有所背离；听了他躲闪的言辞，就知道他有所理屈。此类文献，还有很多。由此可以看出，我国古代对于人格的判断均是从个人观察与主观经验出发的。而西方早期的一些"理论"，则带有神秘主义色彩，朱道俊先生认为，有些甚至是"可笑"的。如星术学认为人诞生的时候是依星辰的位置而决定其品格的。倘与木星相合，其人性情愉快，如与土星相合，则命运多悲惨。这种观点具有决定论色彩。今天流行的星座、算星盘与星术学的道路是相同的。星座的信奉者们认为不同月份不同时间出生的婴儿性格与行为方式多有不同，比如双鱼座的人性格多半是温柔的，狮子座的人热情有领导力，而金牛座的人非常节俭。面相学则以皮肤纤维的细腻程度、面部及其骨骼的形状、毛发和眼睛的色彩，两手之形状及其与躯干之比例等因素作为人格测量的标准。我们常说的"贼眉鼠眼"或许就带着面相学的思想。加尔（F. J. Gall）创立了脑相学，他认为，（1）脑为心能之器官。（2）人类之心能可分为若干独立的能力。（3）这类能力是先天的，在脑皮质上各有一定的区域或部位。（4）某种能力特别发达，则某部之脑皮质也随之而特别发达，因为能力发达之程度与脑皮质中相应区域之发达的程度是互为比例的。（5）脑皮质和脑盖骨的关系甚为密切，脑盖骨各部分的大小即表示脑中各区域的大小，故视察脑盖骨的外形，即可知各种能力发展的差异。从我们今天已经熟知的脑区研究发现来理解，加尔的思想确实有过人之处，但除此之外，朱道俊认为脑皮质发达程度与脑外形关系的看法是难以成立的，科学家们通过对动物大脑的解剖以及一些研究者的实际测量已经推翻了加尔的观点。另外，我们常说"字如其人"，人们常有女生字体娟秀、男生字迹或大气或潦草的刻板印象，民间确实有人通过字体字迹来判断人的性格，这种判定方法称为字相学。

但无论是星术学、面相学、脑相学还是字相学都是出于经验的一种较为主观的看法，不能称之为真正的科学，随后本书作者介绍了一些影响较大的科学方法。作者遵循着描写—分析—测量的思路对各家的观点进行了逐一介绍。要描写自然要先观察，作者在书中介绍的两种方法，与现在的实验室观察法和自然观察法相一致。前一种是给个体以一定的情境，观察他在具体的事件中的行为表现；后一种则是分析个体所表现的自然行为。这些都是对人格的质性测量。

何萍加纳（N. L. Hoopingarner）认为体质、智慧、能倾（aptitudes）、技巧和气质五者是人格的组成基础，这五者相互之间以及它们与环境之间发生关系便产生了种种人格品质。何萍加纳将人格品质的衡量维度划分为十二种，包括感受性、创始性、透彻性、观察、专心、建设的想象、果断、适应性、领导才能、组织能力、表现与知识十二种。

朱道俊先生将人格测量的科学方法分为四类：系统问卷法、评定量表法、测验法以及实验研究方法。系统问卷法通过罗列一定的问题让被试作答，对其结果进行评分，评分一般有两种，一种是里克特多级评分，一种是是否的评分。问卷法是一种很好的人格评定方法，省时省力且效率比其他方法高，可以在短时间内收集到大量的样本。但问卷的编制需要编制者花费大量时间精力，一份好问卷需要一定的信度与效度作为保证。评定量表法分为自评与他评两种，所谓他评就是由经过专业训练的评定者对照量表各项内容对受评者的各种行为表现进行打分，他评法对于评定者的要求是很高的。自评法则是自己对自己的评价，与问卷法有一定的相通之处。常见的评定量表有人对人的比较量表、描写量表、图示量表、数字量表或百分等级量表、次序量表与对单量表。关于各个量表的具体操作与涵义，作者在本书中均有较为详实的介绍。但无论是自评还是他评，都会带上一定的主观色彩，研究者所能做的只是相对的客观。第三种方法是测验法,又可以分为两种,一种是由实验者设置标准化的情境,看被试的反应如何,另一种则与前面提及的人格描写的方法相类似,对人格表现加以分析。测验法是十分有趣的,比如夏特休和梅(Hortshorne & May)的诚实、合作和坚持性测验就极其具有代表性。其中一种诚实测验方法是先让儿童进行拼字测验,测验后收集所有测验的材料,同时记录其结果,第二天主试再将测验材料连同标准答案一同还给受试儿童,让儿童对自己的测验结果进行评分。若儿童更改其原先答案来获得更高的分数,那么他就是不诚实的。其他诚实测验的原理与此相类似,都是看儿童是否会在有条件的情况下进行欺骗行为。合作测验是先准备好一些文具物品,让儿童随意捐赠给邻区的贫苦儿童,赠送的数量由儿童自己决定,儿童合作能力的观测指标便是其赠送的数量。坚持性测验是由实验者念一段富有激动性的故事,在达到顶点时停止,随后向被试分发一定的纸张,所有故事的未完部分都印在上面,但纸张上印的单词是相互连接或字母大小不同的,很难阅读。儿童在阅读时,必须用笔将各个单词分开,他所分开的单词数量、阅读进度便作为坚持性的观测指标。还有一种测验是询问被试一个问题,要他在预定的几个答案中择一作答。比如盖茨(A. I. Gales)道德判断测验,其中一题:假使你在考试的时候看见一个同学舞弊,你会:(a)不告诉任何人;(b)向他解释那是不对的,并且忠告他;(c)报告老师;(d)不说什么,自己也跟着舞弊。又如我国萧孝嵘改编的濮莱西(S. L. Pressey)的X—O测验,让被试根据各题的指定要求将一定的词汇或语句划消,如列出一些词汇

（如污秽、胆小、良心、失败等25个词），要求被试将曾经让他感到担忧的词汇划去。根据被试的划消内容对其进行人格的判断。如何根据被试划消的内容进行计分，作者在书中进行了详细的介绍。其他有趣的测验法还有唐纳（June E. Downey）的意志气质测验及桐原葆见修订的日本版测验、卢子伦（Luithlen）的创造性和好胜心测验等等。作者还介绍了如何用实验的方法来测量人格，本书所说的实验法是指利用仪器装置在控制的情境之下来研究人格。作者列举了五种实验仪器测量人格的例子，如马斯登（W. M. Marston）用血压计研究血压变化和欺骗的关系；白鲁西（Bennsst）用呼吸计研究说谎和呼吸比例的关系；魏斯特勒（D. Wechster）用心电测量计测量狂恋症和早衰病；黎奇（G. J. Rich）用生物化学的仪器分析便溺和唾液中的成分（酸性与碱性）以研究人的兴奋性与强横性。

（五）人格适应之机制

在第五章当中作者整理了人格的适应与应对机制。处在社会当中的个体是不可能事事如意的，在个体遇到不如意不顺利等一切不符合自己期待的事情时，机体会发生相应的反应，为了减缓反应对个体自身的影响，他需要进行适应。常见的人格适应机制有补偿、自卫和逃避。

所谓补偿，字面意思就是弥补，心理学家阿德勒的成长过程以及他的自述不难看出他本人常用的适应机制就是补偿，阿德勒认为个体发现自己的短处后会采用各种方式寻求优越感来弥补本身的不足。一般来说补偿的方法有几种：（1）个体知晓自己的缺陷后力图在自觉不如他人的方面上展示出异常的能力，因为他不愿承认自己具有这样一种不足,故而设法去克服。比如先天身体素质差的个体为了证明自己可能会拼命锻炼,以此改良自己的状况;再比如著名的雄辩家狄摩西尼(Demosthenes)先天口吃,他为克服这种困难经常含着石子进行练习。再比如样貌可能不那么出众的人爱好化妆,经过苦练后化妆技术可能炉火纯青。阿德勒本人就是一个不甘于自身缺陷而不断向上的人。以上提到的都是积极的补偿。(2)补偿也可以被视为一种代替,与积极的补偿不同,代替可以是坏的,也可以是好的。例如酒精成瘾、药物滥用都是消极的替代,比如人失恋后沉迷于酒精,想以此忘却不愉快的经历。积极的代替往往由想象的或内向的方面实现。在个体遭受某种困难时,他可以把自己想象成为"落难的英雄",这样想之后心境就不同了。(3)自居作用也是一种重要的补偿方式。这种人常将自己与某一个人,某一个团体,某一组织,或某一种流行的主张放在一起,以此来提升自己的声誉。比如年幼的儿童在过家家时把自己想象成父母,女孩看完动画片后会假装自己是公主,粉丝们追求明星同款都是自居的表现。

第二种人格适应与补偿的机制是自卫或心理防卫。自卫所以发生是由于困难的感觉或自卑的情感。普通的自卫方法有:(1)对人常抱一种批评的态度。抱有这种态度以后,一方面既可表示本人对这种事件富有专精的知识;另一方面又可先发制人,站在一个居高临下的视角上避免他人对自己的批评。比如我们常说的那种学艺不精的人往往容易半桶水晃荡,爱好批评他人,而那些真正有学识的人是不会这样的。(2)某类具有缺陷的人喜欢兴高采烈地高谈阔论以转移他人对自己缺点的注意。这可以理解为一种寻找存在感的方式，如一些人做出夸张的行为来掩饰内心的不安。（3）自我批评。批评自己不是真的批评，是希望他人赞扬自己，希望他人不认为自己有这种缺点。在自我批评、自我贬低时，他人往往会出于礼貌礼仪对其进行正面的反馈，这样也就达到自我批评的实际目的。（4）理由化，或者我们更常用的说法是合理化。理由化是指某种行为表现在一般人看来原是不合理的，可是表现这样行为的人偏偏想出许多理由把它说得合理而动听。原来某种行为的发生是受了某种动机或欲望的驱使的，可是他不愿别人知道他有这种动机，进行曲解，对行为的目的进行掩饰。理由化还可以具体细分为四种情形：冲动的理由化、投射、酸葡萄心理与甜柠檬心理。作者对这四种方式有详尽的介绍（包括生动的举例）。

逃避机制是指个体在情境中遇有困难时，会发生逃避现实的行为。逃避机制的方法主要有：（1）躯体化。作者在书中所举的例子是在战争中发现的弹震病。被征上前线的兵士在奉到命令以后突然发生奇怪的病症，或者是手臂麻木，不能举动，或者是眼光失效不能见物，但经过检查他们都没有器质性的损伤。直到停战后，这种病症无药自愈。这便是一种典型的逃避机制。（2）幻想。如有人爱看小说，爱将自己想象成故事中的主人公，生活幸福美满，诚如孤寂沉默的儿童喜欢阅读惊心动魄的故事，把自己带入角色，想象自己拥有众人的欢呼。

对于人格适应的机制，精神分析理论中论述非常多。人格的适应机制有好有坏，有积极的有消极的，运用何种机制是因人而异的。

（六）人格的统一和分裂

第六章的标题是"人格的统一与分裂"。在分裂的这一部分作者主要介绍人格不统一带来的精神病症及其治疗理论与方法。人格的统一意味着这个人是连贯的、能够自洽的，更是健康的。作者认为，行为的统一是相对的，不是绝对的，从一而终的。同时他也指出缺少统一性的人也是缺乏交替控制作用的人，这种人的行为是被他的直接情境所决定，是被动的。但即使有交替控制作用，如果缺乏推展反应，也是不会有真正的统一性的，这种人的行为是受他自己所决定的，主动的成分过大。所以，总的来说，兼具交替控制作用和均衡的推展反应的人才有真正的统一性，他的行为既为他自己所决定，同时也受其所处的情境的影响，主动的和被动的成分是均衡的。作者举例，一个专心于采集植物标本的生物学家具备很强的交替控制作用，但如果他不同时充分考察环境条件也就是缺乏推展反应，他可能坠入万丈深渊。

在本章，作者对人格分裂进行了深入探讨。人格分裂有同时和连续之分，同时是说一个人可以同时表现两个不同的习惯系统。例如有的人可以同时开展两件事，害思病的人可以一边与人交谈一边自动地进行书写，神奇的是他的两个系统进行的事如交谈和书写都是有意义的。连续分裂是说一个人平时表现的活动忽然终止了而成为一个完全不同的人，也就是临床上常说的多重人格。新人格所做的事情老人格不知道也就无法控制。人格间可以交换、交替出现。作者特别提醒初学者，多重人格不可与多边自我（many sided self）混淆。多边自我乃是一个人在生活上由于环境、心境等多种因素的影响表现出不太一样的自己，比如一个人可以在一个环境中是仁慈的，而在另一个环境中是残忍的。区分的关键是，多边自我的人记忆不会受损，不会出现断片等现象，而多重人格则会如此。

作者还探讨了精神病及其形成原因。精神病可分为机体的和机能的两种，据此精神病的发病原因也可以归结为这两种。作者指出，心理疾病的器质性原因有：（1）神经系统的损伤。（2）毒质的作用。例如由酒精中毒、药品滥用导致的各种反常行为。（3）内分泌之过分或不足。例如甲状腺分泌增加时，新陈代谢便急剧加速，可能会导致感觉敏锐、易动易怒、失眠等后果；而甲状腺分泌不足，会出现皮肤干枯，毛发稀疏，骨骼生长停滞，行动迟缓，情感缺乏等现象。（4）细胞营养不足。如早衰病患者易贫血。（5）神经细胞数量不足。老年人常因为大脑细胞组织的萎缩、退化，而出现倒行的行为。（6）温度变化。如天气过热导致人冲动、行为失当。

机能型的精神病则是因为个体不能适应环境时而导致的不良后果。人格心理学中解释机能性精神病的学说非常多，作者选择了一些重要的理论，包括心力说、精神分析说、生活力说、个性心理说、并存意识说、行为主义等等。作者将这些不同流派的观点划分为三类：（1）一类学说是注重心理的组织，包含有心力说、并存意识说。（2）一类学说着重于心理的冲动，包含有精神分析说、生活力说、个性心理说。（3）一类学说则侧重于心理的过程，如行为主义。作者还对三大类别理论分别进行了评价。他认为：(1)心力说有构造派的色彩。(2)精神分析派将人类的冲动看得过于简单，人是极其复杂的组织。(3)生活说存在明显不能自圆其说的缺点，如生活力的性质既不固定，其表现的方向又可任意支配，则冲突现象必无发生之可能。(4)个性心理说与精神分析学派一样将人看得过于简单。(5)并存意识说则和心力说一样有构造派的色彩。

在本章的最后，作者简单探讨了精神疾病的防治。所谓防治，既包含了未病前的防，又包含了已病后的治。在防方面，最重要的事就是对心理卫生的重视。而在治方面则更加复杂，既有生理的治疗，包含休养，药物治疗，生物学的治疗，浴、热、冷、光治疗法，按摩法，工作治疗法等；又有心理的治疗，包括暗示、催眠术、心理分析法等。作者对这些方法及其代表人物进行了介绍。同时他指出，真正的治疗应该是拔除病根的治疗，是不再复发的治疗。

(七) 总结

第七章较为简短，作者对前六章进行了简略的回顾与总结，挑出他认为最重要的东西进行了强调和复述。

二、本书主要特点

概言之，朱道俊先生著《人格心理学》一书的基本特点是系统性和科学性。系统性体现在著作的总体框架和每一章结构上。首先，在总体框架上全书共分七章，从人格定义，到决定人格之因素、人格类型、人格测量、人格适应及人格之统一，再到最后总结，成体系地探讨了人格心理学所涉及的各个方面的问题。此外,在每一章中,对每一个具体问题的探讨,不仅仅是引一家之言,而是综合各派观点,分析比较,提出自己观点。例如,第三章人格类型,著作者站在心理科学的立场对于历史的和现代科学家对人格类型的区分,作一种比较的叙述,并指陈其最有希望的途径。科学性体现在人格测量上,著作者秉持唯有将质的研究化为量的研究始克奠定心理学之科学的基础的信条,花了极大的篇幅对于人格测量的重要方法均予以介绍。科学性还体现在著作者在支撑自己观点时,应用的是实证研究的数据,例如,引用哥伦比亚大学苛恩(Mildred Korn)产序和心理特征的研究数据来证明家庭因素能显著影响人格的发展。

具体而言,本书的系统性和科学性表现为:

(1) 系统论述,内容详实。本书是我国第一本以"人格心理学"命名的专著,作者从人格定义开始,详细论述人格的影响因素、人格类型、人格测量、人格机制、人格统一与分裂等问题,涵盖了人格心理学的理论、实证研究、测量方法以及学科知识的应用,对当时的人格心理学这一学科的知识进行了较为完整的呈现。

(2) 述评结合,有理有据。前面已经提到,朱道俊先生编写的此书对当时的人格心理学知识进行了较为完整的呈现,同时他不只是简单的知识表述,还包含了丰富的个人评论。作者对很多理论进行了分类与对比,同时提出了自己的观点,这样便提升了阅读的说理性、逻辑性和趣味性。

(3) 理论全面,案例丰富。作者不仅罗列了各家之言,论述了各个理论的具体内容,也给出了充足的实证材料,既有可以证明理论的量化研究也有帮助理解的生活实例,这种理论与实际,知识与生活有机结合的写作风格使其成为当时难得的一本专业教材。

三、本次修订说明

《人格心理学》于1947年由上海商务印书馆出版,1948年再版。而后,1954年、1960年、1967年、1972年、1987年经台湾商务印书馆再版。

我们对它进行了校订和编辑工作。我们的工作遵循的总的原则是忠于原文,在此基础上进行一些必要的处理,以方便今天的读者阅读。具体工作包括:第一,将繁体竖版改为简体横版。第二,将原著中与今通译有异的人名、专有术语等改为今译。第三,规范数字和年代用法。第四,将引号、书名号等标点符合改为现在的形式。

本次编校工作先后由几位同学完成,他们是徐步霄、王艳丽、夏婷、徐艳、孙月晖,由胡小勇、孙月晖、郭永玉定稿。

孙月晖　胡小勇　郭永玉

2021年8月4日

罗　序

科学心理学的发达，促使人们对于笼统含糊的观念予以具体明确的解释。例如往昔所谓"心灵""意识"乃至"知、情、意"云云，类皆神秘不可思议。此刻心理学家却不顾多费工夫来谈这些玄妙问题而喜就客观对象立论——一如其他科学然。有对象才有表达，有对象才可测量，有对象才可将所得结果广为应用。

前人对于人格一词的见解每多含胡不清，除流俗所谓人格高尚或人格卑污者不计外，在心理学上也各持主见。或谓人格是戏子舞台上所戴的假面具，或谓人格是一种特殊个体对于各件所做的个别反应的总和都不能说是科学的。现在心理学家要用客观态度、用科学方法来研究人格，解释人格，这样可教我们对于它得到一个确切明了的观念。

因为人格是一个客观研究的对象，所以它可以分析——从而知道它的品德、它的仪型，以及它所由构成的因素；可以测量——用种种科学方法来测量；还可以实验。这样它便丝毫不是什么神妙不可捉摸的东西了。

心理学上注重人格的研究似乎是新近的事，而用科学方法研究人格更是新近的事。撇开心理学不谈，便从教育方面来说，我们很感谢一般心理学家新近给了我们许多关于人格研究的宝贵资料，藉使我们了解人格究竟是什么，使我们了解如何运用科学方法测量人格，更使我们了解人格的统一性知善加培植而预防其分裂。他们对于人格教育的贡献实在太大了。

朱道俊教授本其心理学上精深的造诣，采众家学说，对于人格心理为系统的研究，更于战云弥漫中毅然写成此书——《人格心理学》，其中关于人格的解释、决定人格之因素、人格型、人格测量、人格适应及人格之统一等重要部门概有极精采极切要的陈述。所用方法多是科学的。这样的著作在我国出版界似乎还不多见。深信其不独对于心理学上的贡献很大，即所造于人格教育亦必不小。兹因朱先生盛意相托，特泚笔而为之序。

罗廷光三四，九，一五国立中正大学
民国三十四年九月十五日

自　序

　　人格的研究，起源甚古，如希腊时格林之气质分类，德国盖尔之脑骨相学的倡导，乃其著者。即我们古籍如《四书》《五经》《左传》《史记》中亦颇多有关人性和人格的记载，不过材料零星而无系统，所以算不得是科学的研究。人格的研究既不是新近的事情，而人格的问题又为多数人所感觉兴趣，积年累月，这类的材料于是便积聚了很多很多。本书之作企图从心理学的观点对于人格一问题作一种系统的探讨，故标名为《人格心理学》。

　　全书计分七章。第一章为人格之定义。从人格一字之本义暨各心理学家所下人格之定义比较阐说，借以廓清一般人对于"人格"涵义之误解。第二章为决定人格之因素。人格之形成的过程为何？受何种有势力的因素之决定的影响？本章内悉予以明白的解释。第三章为人格型。站在心理科学的立场对于历史的和现代科学家对人格类型的区分，作一种比较的叙述，并指陈其最有希望的途径。第四章为人格的测量。这章的篇幅占得颇多，举凡现代心理学界对于人格测量的重要方法悉予以简明扼要的介绍。盖作者深信唯有将质的研究化为量的研究，始克奠定心理学之科学的基础。第五章叙述人格适应之几种机构，这些机构可以说是常态的，也可以说是变态的。人类必须凭借一些机构以缓和内心中的一些冲突始可维持心理生活的平衡。第六章为人格之统一和分裂。尤其着重于分裂的人格之探讨。人格分裂以后便成精神病。精神病的原因是什么？应该怎样预防精神病的发生？心理学家对于精神病者所能帮助的是什么？这一些都是本章内所介绍的材料。最后一章为总结。将以前六章内所介绍的东西予以简明的综述，借助记忆。

  本书是在烽火蔓延之下写成的，除了手头的一些札记和几本参考书外，并没有详细的去参考很多的书籍。挂一漏万，在所难免，尚望海内贤达，予以指正！

  最后承业师罗炳之教授于百忙之中赐序介绍。书此谨以志谢。

著者朱道俊三四，十，十三
于舆国时在正大由宵都还南昌期中
民国三十四年十月十三日

目 录

第一章　人格之意义……1
第二章　决定人格之因素……5
第三章　人格型……13
第四章　人格的测量……31
第五章　人格适应之机构……72
第六章　人格的统一和分裂……82
第七章　总结……123

第一章　人格之意义

人格（Personality）这个字在我国用得很泛，我们常常听人家说某某的人格高尚。某某的人格卑鄙，其实这是从道德的或伦理的观点出发所予人的一种评断，虽能代表心理学上所谓人格的一部分的意义，可是并不能算是科学的。从字源上推究，人格的本字是 Persona，这个字含有两种意义；一种意义是指戏子所戴的假面具，代表的是戏中人的身份，以是一个人在生命的舞台上所装扮的种种行为，都可以看作是人格的表现。另一种意义是指一个人真正的自我。后一种说法当然比较要抽象些。

心理学家所给予人格一字的意义很多。我们不妨胪述几个名家的定义以见一斑。第一值得提起的是盖茨（A. I. Gates）的意见，他综合字典上和旁人对于人格的解释将人格界说为具有社会意义兼可影响别人之特质。（注一）

其次，据康铎（Kantor）的意思：“人格可解释为一个特殊个体对于各件所做的或所能做的事各别分应的总和。”（注二）葛登（Gordan）则谓：“人格是个体与环境发生关系时身心属性

的紧急综合。"（注三）

社会心理学家亚尔波特（Allpor）却说："除少数特质外，人格可释为个人对社会刺激之特殊反应及其适应社会环境之性质。"他又说："人格系个体决定其对环境作统一的适应时心身系统中内在的动的组织。"（注四）

行为学者华生（Watson）说："我们的人格只是我们的习惯系统，我们所制约的事件的总和。在任何时期之我，即是在那一个时期之我所能做的。"从另一方面说："人格是个体在反应上的全部资产和债务（所有真实的和潜有的）。所谓资产，第一系指全部有组织的习惯系统；社会化的和制约过的本能；社会化的和受陶冶过的情绪；以及此三者的组合和交互的关系。其次则指可塑性（新习惯形成之可能性或旧习惯的可改变性）和保持性（已成习惯失用后之易于应用性）的相关系数。换言之，个体适用现在环境并维持其均衡以及环境改变时再作适应的一部部的才具即系个体之资产，至所谓债务则指个人才具之于现在环境不能适用的部分及阻碍其适应改变的环境之潜有的或可能的原素。"（注五）

意见比较折中一点的心理学者卡滋（Daniel Katz）说："人格就是个人所有而不为慕众或其他非社会性的环境所规定的行为。积极的说，人格就是个人所以别于他人的行为。"（注六）

号称折中派的华伦（H. C. Warren）尝谓人格包含个人品性的各方面，如智慧、气质、技能及德性皆是。（注七）吴伟士说："人格可界说为一个个体的行为之全体的品质。""形容人格的字不是各种不同的活动的名称，而是行为品质的名称。从各个人所表现的任何微细的行为皆可发现其人格，因为它表现的是个体的动作所特具的格式。""整个行为虽属各种特质的和，可是仍有其统一性。……每一个体有其特有的格式或品质。"（注八）

根据各心理学家的定义，我们可以看出几点：一、人格是个体的各种行为品质的组合体，但仍持有统一性；二、人格是因人而不同的，各人有各人的行为模式，各人各有其特性；三、人格的表现须从其与环境发生关系时考察，而且是一种动的组织，是个人的体格、智慧、情绪、气质和习惯等皆为决定人格之要素。

在行为的研究中我们知道行为有两大类：一类是社会行为，一类是个人行为。前者系指人们在许多情境中所表示的同样反应，例如法律和习俗是；后者则指各个人所特有的反应。在大都市里面我们知道一切汽车的驾驶者于十字路口看见红灯时必须停车的，这是社会行为。可是事实上看见红灯以后，有的人马上将车停驶，有的人将开车的速度慢慢减低，有的人将车稍微开得慢一些，也有的人完全不顾照旧行驶。依据卡滋所列举两千一百一十四个汽车驾驶者在十字路口停止情形的报告：完全停车的约占百分之七十五，减低开车速度的占百分之二十二；其余两种人合计不足百分之三。这表明大多数的人是服从社会的规律和习俗的，仅少数人有不服从的表现。可是在十字路口没有红绿灯时，驾驶员所表现的行为便不同了。这时各个人因为没有行为的管理者，于是所表现的乃为各自的特性。在二百零八个人中，停车的占有百分之十七；开车速度极缓的占百分之三十七；开车速度略缓的占百分之三十四；不变速度的占百分之十二。这种情形便表现各人所具有的人格是不同的，因为各人的行为是由其所具有的种种禀赋和习惯所决定的。

第二章　决定人格之因素

前面说过，人格是个体的各种行为品质的组合，是一种特殊的行为模式，同时它又是为一些因素所决定的。以是这些因素是什么的问题颇有探讨的价值。根据多数心理学家研究的结果，其比较一致认为可靠的因素可分个人的和社会的两方面说明。

A. 个人方面　人格是因人而不同的，以此各个人本身所具有的种种特点自为决定其行为模型或人格的因素。一般的说，这些因素是：

1. 身体的或解剖的特质：身高、骨骼、仪表、肤、发、肥瘦等等皆属是。我们知道高大的汉子在体格方面占有绝大的优势，他很自然的有一种使别人慑服的潜在力。这种人的性情多半是恬淡的。矮个儿却不然了，因为他在形态上不如人，以此每自行其是，不愿受他人的支配以示本人具有充分的能力；同时情性偏急只求速成。俗话说"矮子多古怪"意即在是。又如胖子是很少发脾气的，瘦子则往往躁急而易怒。从另一方面看，身体上具有种种缺点的人对于他人每易有一种仇视的态度，因其体格既不能与他人竞争又无法克服此种缺点，故只有出之于嫉妒或伤感。关于体格和人格发展上的关系以阿德勒的研究最有成绩。

2. 知识的能力：在这里包括天生的智慧和教育的成就的两方面，前者是先天的，后者则为后获的。我们知道知识程度高的人，好思辨，理解力强，领悟力大，他对于环境的要求很多，同时对环境的贡献也很大。在社会的适应方面这种人和一个智慧低下成就浅薄的人是大异其趣的。因为智慧低的人既不能领悟环境，对于自己的行为亦每每不十分明白，其结果在行为上养成许多可厌的癖性，且以领悟力薄弱故，再施教育也生困难。

3. 气质：所谓气质系指由遗传所决定的个体在情感上的特质。旧的生理学者有所谓多血质、黄胆质粘液质，黑胆质以及神经质等的区分，根据他们的说法各种人均有其特殊的行为品质，其原因即在于某种人于某一种液的含蓄量较多所致。不过这种分类是悬拟的并没有科学的根据。晚近以来无管腺学的研究极为发达，因是才晓得个性的表现和无管腺的分泌有很密切的关系。某种内分泌的异常，过多或不足，在行为上都要产生显著的影响，这原是一种化学作用。我们知道甲状腺、脑下垂体后叶、肾上腺的髓质、生殖腺和胸腺等的分泌是具有刺激作用的；而副甲状腺、脑下垂体前叶、肾上腺的皮质，脾脏等的分泌则具有抑制的作用。各种腺又各别的具有其特殊的机能并和情绪的激动有密切的关联。详细内容，容待后论。

4. 有机的需求和动机：食、性、安全、嗣续和活动五者乃是有机体的基本要求，它们对于行为的产生有极显著的决定作用。人格赖行为而表现，它乃是综合的行为品质，有机需求之为其决定的因素自不待论。

5. 生理的特质：在这项里面包括的有基本的新陈代谢、血型、血压、血凝时间，酸性和碱性的平衡，血糖血钙和血磷的含量，抗瘟指数以及身体内部的平衡等，它们对于有机体的行为均发生直接的影响，其为决定人格的因素那是一定的。

6. 其他如有机体的特殊能量，技巧习惯……对于人格的发展也发生密切的关系。不过前述的几种在这遗传方面的成分较多，本项所举的则为后天所习得的罢了。

B. 社会方面　个体系生存在社会中，他的一切的活动都是参加环境的活动。个体的活动固然影响环境，可是他也同时受环境的影响。我们知道任何时刻有机体的行为是为个体的构造及其内部的情形，活动的过程以及从环境中所接受的刺激所决定的。个体必须能妥善地适应环境始能度完善的生活。基于这种意义，以此我们可以说个体的人格之发展即属其适应环境之发展。适应良好则个体和环境交互间的均衡关系能够保持，人格之发展便臻健全，适应不良好，则个体和环境交互间的均衡关系便不能维持，自我也不能保持完整，人格的发展当也难望正常。

社会环境的内容是很复杂的。它不仅是一个地理环境同时也是一个文化环境。就前者言，我们知道生长在热带的人们，脾气往往是很暴躁的，而生长在广阔区域的人们，其眼光每每较为远大。就后者言，一个团体内的规则、惯例、民俗、法律、道德的标准等都是行为的准则。人生存在社会环境中,一切均受环境的限制,不遵照规律行事的人,他便将被目为疯子,势必脱离现实的社会而另图想象的满足。

行为的准则因地域、年龄、文化程度、性别和个体的特性而有不同。同样的一种行为活动,一个成人的所为和一个孩子的所为,或者是一个男人的所为和一个女人的所为,在文化程度高的地方和文化低的地方的所作所为,所得到的评价便不相同。在普通的环境里,一件为多数人所认为是怪僻的行动可是在另外一个特殊组织的团体里面可能被认为是正当的。人是社会的动物,在某种社会环境里面他可以灵犀到极端,聪明绝顶,行动自由;可是转换到另一个环境以后,他便聋瞶目盲,听之既不能领悟,视亦茫然若不识,行为拙笨,坐立不安。这固由于所谓个体的遗传的性格所使然,而社会环境的变异,种种限制使得他不容易适应更为主要的因素。从另一方面说,在情况简单的社会中,人们的生活总是依着惯例进行,无所变更,人格的形成当也大体相似;在情况复杂的社会,环境时时刻刻发生变化,人格的形成当也须经过一个变化很多的过程,以此各个人的个别差异也较大。

关于社会方面决定人格发展的因素最显著者有二。

1. 家庭

人自呱呱堕地以至长成老死,在一生中,几有三分之二的时间不能和家庭脱离关系。年幼的时候受父母的抚养,年青的时候,受父母的看顾和培植,成年结婚脱离父母的羁绊自营独立生活而为一家之主,也仍然脱离不了家庭。人既然在家庭的时间多，以此家庭中的一切对于人格之发展以及人格型之形成具有决定的势力。就幼年的儿童说，父母对他们的抚育自然是特别小心的。可是独子的父母对于其子女的抚育和多子的父母对于其子女的抚育，情形是大不相同的。而多子的父母对于各个子女的待遇彼此之间在产序（birth order）上又互有等差。因为在待遇上有轩轾之分，故其人格的发展也各不相同。父母对于子女愈加溺爱，便愈养成其依赖顺从的习惯。这类儿童到了成年往往缺乏自信，缺乏信任和创始的精神，暗示的感受性极大。溺爱过甚的人对于父母且常持一种要挟的态度，企求他们对于自己的舒适和幸福，时刻关心，结果便成为过分的自私和自满。换言之，即是他们的自我中心态度有过分发展的趋势。这类的人，如他人对其不予注意或不亲热便每每发生一种神经过度敏感的现象。

　　据一些精神治疗家的分析报告，神经病（精神病）患者，情绪不稳定者和习惯反常者，在比例上说以独子为最多。主要的原因即出于独子的父母对于其子特别溺爱所致。卜理尔（Brill）会谓在亲子之间如其柔情和怜爱的表示超过了适当的限度，则儿童在机体和感情两方面的满足必以父母为中心，因而结成各种不合理的系统。其兴趣的变换既无一定的轨道而对于家庭以外的人物毫不加注意，究其结往往有成为变态的性的适应的可能。何林华斯（Hollingwroth H. L.）也以为精神病院中独子的比例较大的原因系由于独子的父母对于其子的身体的健康和前途较为关心所致，因为他们一发现其子女和常态的儿童稍有不同立即就医诊，这正如富厚家庭中的父母往往为一点小病即送其子女到医院求治一样。他以为神经质的父母（尤其是离婚的）的独子到精神病院求诊的更多。因为这类儿童在组织方面原有不稳定的特征，纯粹是一种遗传的关系。（注九）

哥伦比亚大学苟恩（Mildred Korn）君会从另外一种观点做过一种研究。他在纽约的一个公立学校中选出已满十二岁而不足十三岁的儿童七十五人，分为三组。其中一组为独子；另一组为长子但非独子；其余一组既非长子也非独子可称为普通组。各组的人数皆为二十五人。这些儿童的父母每月的进款均在中等。这些儿童皆须接受三种标准测验，然后就测验的结果统计，并调查他们在校的学业分数以资比较。这三种测验是：阿狄斯暗示感受性测验 Cotis, Suggestibility. v test）其目的在衡量各个儿童的暗示感受性；马休士情绪稳定性测验（Mathews, Emotional Stability Inventory）其目的在考察各个儿童的情绪是否稳定正常；以及国家智力测验（National Intelligence Test）其目的则在衡量各个儿童一般的智慧。结果有如下表。（注十）

产序和心理的特性

测验	组别	独子组	长子组	普通组
暗示性测验	M.	65.0	60.0	60.0
	Q.	7.5	7.5	10.0
情绪稳定性测验	M.	18.27	17.50	12.25
	Q.	5.45	5.14	3.69

续表

测验	组别	独子组	长子组	普通组
国家智力测验	M.	132.5	127.5	127.5
	Q.	20.5	13.1	13.8
学业分数	M.	80.0	70.0	70.0
	Q.	5.0	5.0	5.0

在上项结果内我们可以察见独子组在各方面的分数都很高，长子组则除情绪稳定性的测验分数高于普通组外，余则二者无大差别。这表明独子对于暗示的抵抗力大，情绪比较不很稳定，智慧较优，学业成绩也颇佳。当然这也多半是由于父母的特别看顾所致的。在另一方面阿德勒（Alder）认为生而有缺陷或被人忽视的人其向上的意志（Striving for Superiority）似乎要坚强些，以是其学业的成绩每较优良。目前我们虽没有数字的证据，不过这种理由是很充足的。

在性的适应方面，佛洛特（Freud）认为同一个家庭里，亲子间的关系，似乎是很神祕的。女儿对于父亲似乎要特别依恋些，同样的，儿子对于母亲也特别依恋些，在母亲或父亲不在的时候，女或男每每有一种自居作用（Identification）觉得自己是在代替其亲长的地位。相反的，女对于母，儿对于父则往往采一种仇视的态度，如父母间发生口角或争端，女儿多半是帮助父亲，而儿子则帮助母亲，合力向对方进攻。这种现象他认为是本能的现象。原来人类有一种性的驱迫力（Sex drive）叫"力必多"（libido）的在后驱使所致。性本能如果发展过分，可

11

以产生乱伦的现象。如被抑制过甚，倘不升华而在另外一个方向发展，则将成为精神病的原因。

2. 学校

社会方面还有一个和人格的发展有密切关系的重要因子就是学校。就小学校言，乃是成人对儿童有计划的施行教育之场所。教师对于儿童的待遇之和善或公平与否对儿童人格的发展影响极大。另一方面儿童相互的交往关系也彼此互为影响。负教育责任的人如欲培养出人格完整的儿童必须注意到个人和社会两方面所包括的种种因子，从小时开始培植始克有效。

从上所述，我们知道人格是由个人和社会两方面的许多因素所形成的。在形成人格的过程中，它们所处的地位并没有轻重之分，我们并不能分辨那一种因素来得重要些。我们只能说各个人的人格乃为某个体在个人和社会两方面的许多因素的乘积，乃是长久发展的结果。从另一种意义上说，人格的表现就是行为的表现，决定行为的因素也就是决定人格之因素。前面曾经申述过现在的情境，个人的品质，过去的经验和训练、团体规则、本身行为所生社会的影响之辨识等等，皆和行为之表现有关。当然和人格的形成也有关，人格不过是一种较久的习惯行为型式而已。

第三章　人格型

人对于人好作各类形式的区分，无论古今中外靡不皆然。在闲谈中，我们常常听到说某人是好人，某人是坏人，或者说某为君子，某为小人。这是通俗的一种分类。孔子家语将人分为下列五类："见小暗大不知所务……"者谓之庸人；"心有所定，计有所守……"者谓之士人；"笃引信道，自强不息……"者谓之君子；"德不踰闲，行中归绳……"者谓之闲人；"明并日月，化行若行……"者谓之圣人。人文学分人为五等二十五；即所谓上五品中之神人，真人、道人、至人、圣人，下五品中之众人、奴人、愚人、肉人、小人。刘劭人物志分人为四大类，计心小志大者谓之圣贤；心大志大者谓之豪杰；心大志小者谓之傲荡，心小志小者谓之拘儒。上述诸类或依理想的道德标准而区分，或依观察的周密与否和志趣的高下而为别，笼统牵强，纯粹是一种悬拟的质的分类，并没有科学上的根据。

西哲对于人性的区分应该溯源于希腊学者安皮多克烈斯（Empedokles，495－435 B. C.）他以空气、水、火、土四者乃为构成人体的元素，赫波克列多斯（Hippokrates，460—377 B.C.）因袭其说，并以冷、热、湿、干四种性质和它相应对，每两种性质相混便成功一种液体，例如血液（Sanguis）为热与湿的配合，多血质的人温而润，好似春天一样。黏液（Phlegms）为冷与湿的配合，黏液质的人冷酷无情是一种冬令性的气质。黄胆汁（Chole）为热与干的配合，黄胆质的人热而躁，其性质有如夏季。黑胆汁（Melanochole）则为冷与干的配合，黑胆质的人冷而躁是一种沈落抑郁的性质。这四种液体从脑回流到体内在配合恰当（Enkrasie）时，身体便健康；在配合异常（Dyskrasie）时身体便生病。其后格林（Galen 129—200）出徒而发挥其说，使之与性格上的差异发生关联。虽涵义极笼统，并没有科学上的根据，但已足视为人格型中四分法的暗矢了。

关于人格型的分类，各家拟定的很多，现作一简明的介绍如次。

A. 四分法及其扩充

(a) 格林的分类是最原始的。他系以赫氏的分类为本而个别的赋以气质的特性。他以为关于属于胆液质的（Cholerie）热烈易怒，情绪易于激动，属于多血质的（Sanguine）则热诚而易变。属于粘液质的（Phlegmatic）迟钝而冷淡。属于忧郁质的（Melancholic）则抑郁而忧愁。从逻辑的观点看，这种分类是不能令人满意的，因为他所根据的分类标准有三项之多。即：人类易于发生的情绪之种类，情绪的深度以及一种情绪所能引起的心理状态。虽然如此，可是以后的许多心理学者依然以格氏的四分法作为根据，竭力追究其基本的特性。

（b）赫尔巴特（Herbart）是以情调，与情感的和运动的激动性底强弱作为道四种型式的基本性质的。他认为多血质主要的情调是愉快的，忧郁质主要的情调，则系不愉快的；胆液质的情感和运动的激动性强，而粘液质的情感和运动的激动性弱。

（c）翁德（Wundt）则以感情活动程度的强弱和发生之缓速作为这四型的基本性质。他认为感情活动在多血质是速而弱的，在忧郁质则缓而强；在胆汁质是速而强的，在粘液质则缓而弱。

（d）爱宾豪斯（Ebbinghaus）从另外一个方向出发，他以乐观和悲观，激奋（兴奋而活泼）和不快（忧郁而容忍）二对相反的特性作为区分的根据。他认为多血质是乐观的、激奋的；忧郁质是悲观的，不快的；胆液质是悲观的、激奋的；粘液质则是乐观的、不快的。

（e）阿黑（Ach）以三种变量作为分别类型的特性之标准。这三种变量是：先天的倾向（Determining disposition），这种倾向消逝的时间和知动的激动性（Sensory motor excitability）。就多血质而言，其先天的倾向强，其消逝也快。在胆汁液质言，先天的倾向弱，而知动的激动性高。在忧郁质言，先天的倾向弱、知动的激动性低。在粘液质言，先天的倾向强且消逝慢、惟知动的激动性弱，又有一种思考质的人，先天的倾向强惟其消逝则极慢。

（f）缪曼（Meumann）认为区分类型的标准之变量有四。第一，感情的品质有愉快与不愉快之分。其次，感情的激动性有难易之别，又次，感情的强度和持久性有深有浅，第四，感情有主动的也有被动的。他将人格型扩充为十二类。就多血质和粘液质者言，都是愉快的感情，但前者激动甚易而后者则激动甚难。就胆液质和忧郁质者言，都是不愉快的感情，但前者甚易激动，而后者则难于激动。又欢愉质（Hrivolous）和恬静质（Serene）二者都是愉快的感情，但前者强度浅而后者强度深。阴沉质（Sullen）和严肃质（Serious）二者都是不愉快的感情，但后者之强度深，而前者之强度浅。又欢乐质（Gay）和赏心质（Enjoying）都是愉快的，愁思质和沮丧质（Despondent）都是不愉快的，惟欢乐和愁思二者其情绪性是主动的，而赏心和沮丧二者其情绪性则为被动的。

(g) 荷兰心理学者海曼斯（Heymans）以情绪之强弱、活动之程度、初级功用和次极功用二者的比例三者作为区分类型的根据。他将人类区分为八型计（1）神经型（Nervous type）情绪颇强，活动不多，初级功用占优势。（2）多情型（Sentimental type）富有情感，活动不多，次级功用占优势。（3）多血型（Sanguine type）情绪不强而极活泼，初级功用占优势。（4）粘液型（Phlegmatic type）情绪不强，颇为活泼，次级功用占优势。（5）胆液型（Choleric type）富于情绪，颇为活泼，初级功用占优势。（6）急性型（Passionate type）富于情绪，颇为活泼，次级功用占优势。（7）无状型（Amorphous type）情绪不强，活动甚少，初级功用占优势。（8）无情型（Apathetic type）情绪不强，活动甚少，次级功用占优势。海氏是以问卷法调查两千五百二十三人就其结果加以分析而后再区分的。标准中所列情绪的强弱和活动之程度两项用不着作何解释而所谓初级功用（Primary function）和次级功用（Secondary function）

二者则有说明的必要。这两种功用原是由葛鲁斯（Gross）所倡议的。他认为初级功用系指观念在意识中而脑中便呈现活动的机能；次级功用则指初级功用余效的活动。在这里初级功用的意义系指个体接受新印象之机能，一般的说，初级功用较强的人，其接受新印象较易。次极功用则指某种表象消减以后，其继续存在的基础支配联想活动未来方向的机能。这种机能可以使生活有连续和统一，即遇不得已的变故时，也可使生命渐改移轨道而免激烈的发动。在缪勒（C. F. Muller）的记忆实验中发现有所谓持续的趋势——心理的惰性现象即有一些人念熟了一串无义缀音以后，过后竟不自觉的在背诵着这些缀音。又如某些人在乘船坐车以后，过了半天或一晚，仍然感着颠簸。这种种现象，便是所谓持续趋势。也即是次级功用的机能活动。持续趋势的现象，在一些人是没有的。

上述诸家的意见除后述三家所举的类型稍多外，余均系就赫氏所拟的四型加以说明。即后三者所列也不脱四型的窠臼，故并置于四分法一项以内。各家所本以分类的特质，大半偏重在情感方面。如情调的不同、情感的强弱与迟速、情绪的反应等皆是。惟阿黑和海曼斯二氏除情感的特质外另有所见，顾及的方面较多。不过各家所叙仍未看到构成人格的各方面所有的事实，当然不能视为定论的。

B. **二分法**

有些心理学家认为人格是向正反两个方向发展的，人决不能够区分为四型或更多的型。在这个项目里面各家的分类又各有所本，兹分述如次。

(a) 詹姆斯（W. James）认为人可区分为两大类，即柔性的（Tender minded）和刚性的（Tough minded）两种。前一种人是唯理主义者唯知主义者，观念论者宗教家，自由意志论者，一元论者，和独断论者，后一种人是经验主义者，感觉主义者，唯物论者，反宗教家，定命论者，多元论者，和怀疑论者。这两种人的性情完全居于相反的地位，是格格不相入的。不过我们要明了詹氏的分类是并没有多少数字上的根据的，还是哲学的意味要多些。

(b) 荣格（Jung）在"Psychological Types"和"Contribution to Analytical Psychology"二书内将人格分为两型。一种是所谓外向性（Extrovert），另一种是所谓内向性（Introvert）。这两种型都是心力或"力必多"活动所采取的方式，心力的活动盖为一切行为变化的基础。内向性的人以自我作为行为的出发点。凡事但求尽其在我；外向性的人则以环境作为行为的出发点，凡事但求适应环境。内向性是静的、主观的、理想的、颇类似詹姆斯所谓的柔性；人偏于内向者多为思想家、哲学家、或创作家。外向性是动的、客观的、现实的，颇似詹氏所谓的刚性人；偏于外向者多为实行家、科学家或交际家。

容氏更认为人类的精神是由意识和隐意识构成的。意识是认识的内容和认识内容的我二者关系的觉知，其中心乃为自我。意识与外界发生关系时便构成人格。人格原是可解释作个人适应外界环境的样式的，隐意识有个人的和集团的分别。前者系指不现于意识的个人，所会经验过的一切，它是被忘却了的经验或被抑制住了的欲望；后者则指本能（性欲与营养）和原始印象（Primadial image）。人类自有生至现在已有亿万年的历史，在此长期中，蓄积的印象至多，这种印象可不假经验而知，原是一种直觉的先验的知识。科学的发明、艺术家的创作，不仅由于个人的努力，而是原始印象在情境凑巧时涌现意识的结果。

在容恩看来，人类精神活动的基本机能有四，即：思考、感情、感觉和直觉。思考是动的，受论理的法则所支配。感情不是知的判断，乃为价值的欣赏。根本是主观的。感觉为现在事物的觉知。直觉则含有将来获得的意味。思考和感情是合理的机能；感觉和直觉则不是合理的。

合理的机能与不合理的机能居于相反的地位，因是可区分为四种人格型。

（1）思考型——对于一切的情景依冷静的论理的思考而行事，其行为是由论断所形成的，感情较不发达。

（2）感情型——不善思考，凭感情去顺应一切。

（3）感觉型——弱于直觉，一切皆凭依感觉作用，其认知极为敏锐。

（4）直觉型——弱于感觉，但善知一定状态发生的可能性。

上述四种机能又是彼此相互联络的。自合理的思考出发通过思辨的思考便可与不合理的直觉联络；再通过直觉的感情便可达到和思考相对待的合理的感情；更通过情绪（生理上的感觉）便可达到和直觉相反对的不合理的感觉；感觉通过经验的思考便为思考。

如以这四种机能和内向性及外向性相配合，又可构成八种人格型。它们的特性如次：

（1）思考的外向型——思想的倾向由客观的事物或为普通人所接受的观念所决定。

（2）感情的外向型——情绪的反应由外界情境所激发。

（3）感觉的外向型——这种人的生命可说是具体事物之实际经验的累积。

（4）直觉的外向型——忽视现在的价值，追求将来的憧憬。

（5）思考的内向型——这类人的思想是由主观的观念所决定的。

（6）感情的内向型——情感的发泄倾向于内。

（7）感觉的内向型——这种人是远离事物的，在自身和事物之间每插入主观的知觉。

（8）直觉的内向型——这种人多半是神秘的梦的追求者，是幻想的艺术家。

其实绝对内向性的人和绝对外向性的人都是没有的。大多数的人都是兼含有若干内向的和外向的品质，即所谓中性型（Ambivert type）者是。就表示测验结果的曲线说，两极端间的人数是连续的，并没有突然中断或分离的现象。所以容氏的假定是当待研究的。

在另一方面内外向品质和其他特质的相关也有人研究。据吴伟士在所着心理学内列举的约有四点：一、烦恼分数多的人趋于内向；二、领导品质和外向性有正的相关；三、内外向和智慧及性别均无关（不过著者研究的结果，女性方面内向性的要多些）。四、手部运动之灵敏度，语言反应，简单事项的决定等项，外向者有较内向者为优胜的趋势。

（c）喀里希曼（E. Kretschmer）在"Physique and Character"一书里面曾分人类的体型为两种，认为每种体型各有其特殊的性格。一种为肥短型（Pyknic），这类人的脂肪丰富，身躯短胖，肩窄胸宽，面广颈短，四肢较小。他们的气质多半是狂郁性的，和容恩氏所列的外向性者约略相仿。另一种为瘦长型（Aathenic type）这类人的身躯细长，皮肤干燥，肌肉骨骼均不发达，贫血、体重和周围皆较常人为小。他们的特点约略和容恩的内向性者相仿。正常的人，其体型和精神能互相调和，故不生疾病。在二者不调和的时候便产生精神病。如依照克勒普林（E. Kraepelin）的精神病区分，则肥短型的人所患的多半是狂郁症（Manic depressive insanity）。这种病的发生是循环性的，先郁后狂，狂后又郁。在郁的时候，兴趣淡泊，抑郁悲观缺乏自信常常恐怖，每至自杀，而且思考迟钝，联想不灵，语音低缓，静处少动，胃口不佳。在狂的时候，情绪兴奋，忽怒忽笑，大言壮语，表情活泼，胡思乱想，注意散漫，行动敏捷，色情亢进。狂郁交替，无有已时。瘦长型的人所患的多半为早衰症（Dementia praccox）也称少年狂。它的特质是心理机能衰退，记忆力和辨别力均极差，兴味减少，注意不集中，多幻觉且好幻想。从另一方面说，肥短型的性格易兴奋，易抑郁，乃是循回的，故一称循环型（Cycloid）；瘦长型的性格多半为沈默的，退缩的，顺从的，胆小而害羞的，易感的，偏执的，分离的，故一称分离型（Schizoid）。

喀氏认为在肥瘦两极端之间尚有运动型与畸残型（Dypplastic)。前一类人的肌肉发达，骨骼粗实，而后一类人则有残缺。但此二者不如前远肥短与瘦长两型之为重要耳。

颜休（E. R.. Jaensch）根据他研究遗觉（Eidetic image）的结果将人类区分为 TB 两型且认为是绝对相反的两种人格型式。所谓遗觉系一种位世在感觉和像间的现象，兼具有感觉和像的性质，其情形约略和遗像及忆像（After image and Memory image）相似。颜休认为乃为每一个人发展中所必经过之阶段。在孩提时代即有遗觉，但在六岁儿童最为明显。

T 型是 Telanoid 一字的缩写，原是强直病的名称。B 型则为 Basedowoid 氏病之第一字的缩写。颜氏的意思以为遗觉的现象是和体质相应对的，具有某种体质的人即有某种遗觉。一般说来，T 型者的末梢神经对于电的或机械的刺激激动性很大，其容貌严肃、不好动、沈思默想、稍现忧郁；眼小而深入、瞳人固定、缺乏神采，常感觉心虚；有周期的增进性头痛，夜惊、梦呓、睡游、恐怖等倾向。其体内钙质缺乏，极受副甲状腺分泌的影响。（钙质对于遗觉的现象关系很大。T 型的人在服用钙化合物以后，其遗象有减弱或消灭的倾向，且在遗像的颜色方面每由原色而改现补色。）T 型者的遗觉大体和遗像的性质相似，乃是持续而不能随意变动的。像的明度视注意集中之程度、时间之久暂，及其他有关刺激之各种因素而定。一般的说，中等强度之遗像常为原来刺激的补色，细微之处常不清晰，影像之大小常与投影距离成正比。至于遗像的消灭则系部分的。T 型者底心理的机能系分别进行的，彼此不生关系，在视物以后须逐步分析始能得到结论，而且易受外界的刺激以及感官影响的支配，可称为分析型。

B型者的特征是：充满愉快的心情，易兴奋，善变化，常患心跳急速症，呼吸无规律，手掌多汗，且易疲劳；眼大而明朗。其甲状腺素的分泌有过多的趋向。再就遗觉方面言，像的持续性不受钙的影响，仍能保持原色。像的发生极快，并不需注视若干时间，即能呈现，像的内容可随心所欲，因思想而自由改变。而且粗细举陈，时间也可维持甚久。总括的说，B型者的遗像大体和忆像相似，其发生与消灭都是全体的。这类人之精神的整合力强。各种心理的机能能互相合作，视物以后即能得一完整现象，（惟常依主观的条件支配一切）可称为完整型。

颜许之弟. W. Jaensch 会由指甲根的表皮下之小血管的分布以判定 TB 两型。据说属于 T 型的其血管分布成夹发针状，而属于 B 型的，其血管的分布则不规则。前者之遗觉因服用钙化合物而减弱，而后者则否。

(e) 罗希克（1LRorschech）是应用墨汁去研究人类性格的一个人。他将墨汁（可以是有色的）一点滴于纸上，轻压成种种形状，显示给受试者，在他看过以后，于是继续问他在上面看见些什么，而且要他答复。测验的时间并无一定。据罗氏测验多人的结果，他发现许多情形：

第一，就被试者观察时所把握的情形分析：有的将全体墨迹看成一物；有的在看出各部分以后再理解全体；有的只看到墨迹的各个部分；有的说出一些奇异的部分；有的似乎不见墨汁的痕迹，而仅就墨汁中所余的空白部分而认出细微的东西。

第二，就反应的性质分析：有的看见墨汁的痕迹是活动着的；有的仅就墨汁的色彩决定反应；有的先就墨迹的形状决定反应，再就墨色决定反应；有的先就墨汁的颜色决定反应后复就墨迹之形状决定反应；有的依墨汁的浓淡决定反应。

第三，就反应的内容分析：有的说看见人；有的说只看见人的一部分；有的说见到动物；有的说只见到动物的一部分；有的只报告看到解剖上的某个细微的部分；有的报告看到无生物；有的说看到建筑物；有的看到风景；有的看到山，看到水，或者看到云。

第四，就反应的创作性区分，可大分为独特的反应和平凡的反应两类。

根据上述的种种情形，再从人格的类型上区分。内向型者所答复的反应多为活动的物体。如跳舞者、飞鸟、火山等皆是，且常以色的浓淡作为判断的根据。外向型者所答复的多以色彩为主，如青的汁痕每认为是天空或花草，赤色的汁痕则认为是帽子。此外又有收缩型和平衡型，前者的特征为思考能力的收缩。关于运动的和色彩的反应比较少，而对于形的反应则表现优越的情形，其性格多半是忧郁的。后者可说是内向性和外向性的均衡。这种人对于色彩的反应和对于运动的反应具有相等的量。在性格上说，似乎并没有特异的象征。

（f）阿德勒（Adler）根据其研究的结果认为人格型有两种：一为向上性特别强的人，遇事不甘落后，总想胜过别人。一为卑逊情感特甚的人，遇事甘愿退让，不与人竞争。前一种人可称为优越型（Superior type），后一种人可称为卑劣型（Inferior type）。

前述各种分类，或借兴趣之向内或向外为根据，或以体格之外形为区别，或凭遗觉的现象做标准，或依个人行为表现之好胜与否而分判。除罗希克外，他们皆认为人格是向两极端发展的。这两种人格型判然若泾渭之分，丝毫不相混杂，两极端之间并无何种中间型存在。其实这是错误的。统计学显示我们在取样的范围广大而且随机抽取的时候，其结果必符合于常态曲线的分配。在常态曲线上，各个点子是相连不断的，不唯在两极端之间有中性型的人存在，而且在各个位置上均有人分布。这就是说有些人特别多具有些内向的品质，另一些人则多具有些外向的品质。这只有数量上的不同，绝对属于某一极端型的人是几乎没有的。我们也可以说，大多数的人在做某些事时虽然是外向的表现，而做另外一些事的可能又是内向的表现。至于某人外向的表现多抑或内向的表现多，并没有一定。萧孝嵘教授对军官的人格品质加以研究，发现军官人格品质的分配是偏于外向的。（注十一）据著者研究高中学生品质的结果，外向的品质有随年龄而增多的趋势。（注十二）这表明内外向的区分是相对的，不是绝对的。

C. 按生理作用的分类法

（a）根据内分泌腺（Endocrine gland）而区分者。

内分泌的种类和机能在生理学方面研究得很有成绩。各种内分泌腺素的缺乏或过多对于行为的表现皆有显著的影响。柏尔曼（L. Berman）等就内分泌的种类区分人格型为五种，兹将各型的特性略述如次。（1）甲状腺型。这种腺素分泌过多的人感觉灵敏，意志坚强，有过分的野心和专制的趋向。相反的分泌不足的人性极懒惰,其智力也甚低,且行动迟缓,缺乏感情。(2)脑下垂体分泌型。这种内分泌腺素,分泌不足的人是良善而诙谐的,能忍耐、善思虑、驯良而胆怯,对于各方面的痛苦都能忍受。相反的,若分泌旺盛,则其肌肉强而有力,尚进取,自制能力强,做事皆有计划。(3)肾上腺分泌活动型(表皮腺素)。这种人在各方面的发展皆有早熟的情形;女性方面且有蓄积脂肪和生须发的现象,即所谓:"Viriliam"者是。(4)副甲状腺型。这种腺素分泌甚多的人每表现极安定的状态,肌肉无力且缺乏兴趣。相反的,倘如分泌不足,则有轻举妄动不能自制的倾向;而且注意力极善,容易感觉疲劳。(5)性腺过分活动型。这种人进攻的行为极猛烈。倘如性腺的分泌不足,则进攻的行为很少,而对于艺术文学和音乐颇感兴趣。

(b) 根据血型而区分者。

据生理学者检验血液的结果,报告人类的血液有O、A、B、AB四种型式。这种型式的区分由于血球里面有两种不同的凝集原(Agglutiongen),而血清中则有两种不同的凝集素(Agglutinin)存在。在A型血球中有A凝集原,其血清中则有β凝集素。后者能使B型及AB型的赤血球凝集,而A型血球则由OB型的血清而凝集。在B型血球中有B凝集原,其血清中则有α凝集素。后者能使A型和AB型的赤血球凝集,而B型血球则由O、A两型的血清而凝集。在O型的血清中有α和β两种凝集素,能使任何型的赤血球凝集,但其血球则不因任何型的血清而凝集。在AB型的血清中,α和β的凝集素都没有,故不能使任何型的赤血球凝集,但其血球则可因任何型的血清而凝集。如用一个简表分析之，略如下式：

血型	血型 2 \ 1	O 无	A A	B B	AB AB
O	α β	−	＋	＋	＋
A	β	−	−	＋	＋
B	α	−	＋	−	＋
AB	无	−	−	−	−

上表中 1 代血球中之凝集原，2 代血清中之集凝素，＋为凝集之表示，−为不凝集之表示。

因为有上述的发现，所以在医学上输血方面的功用很大。我们知道输血是必须加以选择的。一般的说，将同型的血输入自不成问题，如将异型的血输入，稍一不慎则极为危险。例如 O 型是可以输血于任何型的，但除同型者外不得从任何型受血。AB 型是可以从任何型得血的，但不得给血于任何人。这是目前业已确定的结果。

血型的性质既如上述，因是有人探寻血型和气质二者间的关系，这种工作尤以日本人做得最多。据古川竹二研究的结果，可摘略如下表：（注十三）

血型	气质	心理特征
A	消极、保守	性质温和、老实稳妥、疑虑、怕羞、顺从、常懊丧追悔、依靠他人、独具少断、感情易冲动。

27

续表

血型	气质	心理特征
B	积极、进取	感觉灵敏、镇静、不怕羞、不以受事物所感动、长社交、多言、好管闲事。
AB	A型为主、含有B型的分子	外表是B型的、内面则为A型的。
O	积极、进取	志向坚强、好胜、霸道、不听指挥、喜指使别人、有胆识、不愿吃亏。

按照生理作用而区分人格型，是很合理的；因为人格的表现受生理的影响很大，一切行为的发作总脱离不掉生理的关系。不过无管腺和血型的研究现在却还很幼稚，对于人格作科学的有系统的探讨也还是最短期内的事情。本节所介绍的尚只能作为一种参考。

D. 其他

关于人格型的分类还有几个值得介绍的：一为斯普兰格（Spranger）的分类。斯氏根据客观文化的范畴或人类所追求的文化价值将人格型区分为六类：（1）理论型（Theoretical type）。这种人对于各种事物所采取的态度完全是客观的。努力把捉事物的本质，着重各种观念和理想的追求。至于实际的事项则是被忽视的，因为其基本的兴趣乃是在寻求真理。哲学家、纯理论的科学家都是这种类型的代表。（2）经济型（Economic type）。使用的价值在这种人看来是一切活动的首要。各种物事如无经济的价值便没有使用的必要。凡从事实际事业以发展经济为目的的实业家皆属这个类型以内。（3）审美型（Esthetic type）这一类的人对于实际的事项是不予关心的。他们透过幻想的遮幕而望着现实。他们以创造美的价值为生命，常常将所获得的印象表现出来。他们具有的审美态度偏重于形式、美丽、调和比例的评价，如何使自我实现，如何使自我获得满足可说是这类人的基本目的。（4）社会型（Social type）社会福利的讲求在这种人看来乃是一切活动的前提。他们对于人生的基本态度原是在爱人。（5）权力型（Political type）。这种人倾向于权力的意识和享乐，凡是他们的所作所为总是由自己决定的。意志既坚强，生活力也很旺盛。（6）宗教型（Religious type）这种人，生活的核心乃是宇宙间最后秘密的追求，和生命的究竟之了解。他们企求如何去满足人类的最当欲望，从而确立人生的真意义。斯氏并表示纯粹属于某种型的人是没有的，多数人皆是各种型的混合，可称为混合型。

斯氏的分类是从文化的概念出发的。人类对于文化的态度是否仅限于上述的六种范畴殊成疑问。斯氏是一个哲学家不是一个心理学家，以此他的分类充满了哲学的意味，科学的价值似乎很少。

此外还有一些实验心理学家在实验的过程中依据其被试者反应的情形作为区分类型的根据的。例如亨利（Henri）依据他的被试者。对于实验方法的叙述区分为四类：（1）叙述型——对各个项目仅能作简单分类的叙述；（2）观察型——叙述时能将各个部分和全体互相关联；（3）情绪型——叙述时附带有情绪的反应；（4）学问型——其叙述是富有知识的。

又柯恩（Cohn）使其被试者描述他们在火车站所见的事物

然后加以分类，结果分为四种：(1)叙述无关的细目；(2)对于个人有关的经验叙述得多些；(3)对于车站所见的经过作有关联的叙述；(4)带有伦理的或社会的反映的叙述。

上述诸家的分类各持有特殊的见解，当然皆可作为研究的借镜。

第四章　人格的测量

（甲）历史上关于人格测量的记载

整个社会关系就是人事关系，以此关于人格的衡量无论古今中外靡不注意。请先言我国关于这方面的记载：孔子指斥宰予画寝曰："……始吾于人也，听其言而信其行；今吾于人也，听其言而观其行，于予与改是。"又尝说："视其所以，观其所由，察其所安，人焉廋哉，人焉廋哉！"所谓"以"可解作行为，"由"可诠为动机，"安"可释做习惯和兴趣，这几项自属观察人格的标矩。

论语："子温而厉，威而不猛，恭而安。"又孔子曰："色厉而内荏，譬诸小人，其犹穿窬之盗也与！"孟子曰："君子所信仁义礼智、根于心；其生色也，睟然见于面，盎于背，施于四体，四体不言而喻。"又曰："存乎人者，莫良于眸子。眸子不能掩其恶。胸中正，则眸子瞭焉；胸中不正，则眸子眊焉。"这是从容止的表现上观察一个人的人格的。易系辞傅下曰："将叛

31

者其辞惭，中心疑者其辞枝，吉人之辞寡，躁人之辞多，诬善之人其辞游，失其守者其辞屈。"孟子曰："诐辞知其所蔽，淫辞知其所陷，邪辞知其所离，遁辞知其所穷。"这是由明显的语言反应借而推知其内心所含蓄的意向，随而确定其人格的。又有由相法的观察作预料人在他日之行为者。如左传所载子上谏楚子之不可立商臣为太子，谓商臣"蠭目而豺声，忍人也"。又楚司马子良生子越椒子文曰："必杀之，是子也，熊虎之状而豺狼之声，弗杀必灭若敖氏。"史记越王勾践世家范蠡遗书大夫种曰："越王为人长颈鸟喙，可与共患难，不可与共安乐；子何不去？"这些都是显例。以上所述虽没有客观的解释难作程度上的比较，可是类属经验之谈，用作观察人格表现之标矩，虽去亦不甚远的。

在西洋对于人格的判定，最初也是很可笑的，比较普通的有下述诸种。

（a）星术学

星术学（Astrology）家的意见是为一般愚人所信服的。他们认为人诞生的时候是依星辰的位置而决定其品格的。倘与木星相合，其人每甚愉快，如与土星相合，命运多属悲惨。这种见解除赋予人类以性格的特质外，并含有休咎的意味在内。其情形与我国的星命学仿佛相似。

（b）面相学

面相学（Physiognomy）是另外的一种发展。面相学者观察人有两方面：一为从外表以断定人之品性；一为从形貌以预定人的吉凶。例如希腊左皮拉斯（Zopyrus）曾从苏格拉底之外形评断其性质为笨拙多欲而愚钝。苏氏门人虽讥其评论不切；而苏氏本人则承认在未受哲学的陶冶以前确属如此。左氏的评断多半是由身体、颜面、耳、目及额部的表征确定的，可视为面相学的开端。亚里士多德对于相术亦颇有研究。他对于人性的普通标志，特殊外貌，表现之性情，赋性之强弱，笨拙与天才，胆怯、无耻、忿怒等以及与此相反的特性，两性之分别，以及因容貌、肤色、身体、毛发、步态而生之特性等，皆有论列，并尝谓男子好似狮子而女子却似豹，懦弱的人面似绵羊，勇猛的人脸似凶狠。其实左、亚二氏的说法都是没有科学的根据的。

其后达尔文（Darwin）所著：*Expression of Emotions* 一书问世，面相学始获得了一种比较合乎科学的原则。这些原则是。(1) 在某种心理状态之下，凡是复杂的动作，皆可以直接或间接舒放或满足某种感觉或欲望；其后在相同的心理状态发生时，相同之动作系统便有发生之倾向。甚者此动作系统虽失用已久，犹能如此。(2) 当某种与明确的动作性质相反的有关联的心理状态发生时，内心中便有强烈而无意识的倾向以发生相反的动作。(3) 当感觉器官受强烈的刺激时，神经之能力便依习惯及神经细胞的联系向确定的倾向传导。(4) 某部分的肌肉和皮肤，因习惯的动作而增强。但其弹性和饱满性（fullness）则与年俱减，因而肌肤纤维的皱纹便渐渐地成为不可磨灭的痕迹。(5) 习惯的肌肉动作，因能影响局部的滋养之故，因之也略可改变与此肌肉表现有关的骨骼及软骨的外形。(6) 若某种心性及动作之倾向，能由父母遗传于子女，则与此有关之动作表现的"形态的易表性"（facility）和发生动作之倾向，也可同

样遗传。（注十四）

概括的说，面相学者们是大多数以皮肤纤维之为细腻或粗糙，颚骨之形状，面部之凹凸，毛发和眼睛的色彩，两手之形状及其与躯干之比例……作为判定人类品性之根据的。上述诸项之中尤以皮肤组织之是否细腻与面部之外形二者最关重要。良以皮肤为传导感觉之中心，所谓脊髓和神经在他们看来不过是经过变化之内在的皮肤，乃为一种遗传的胚胎的事实。至于面部之骨骼，则因种种面部习惯动作之影响而有所改变。俗话说人心之不同如其面焉。面目之表情盖为人性最好的代表，故从面相的观察便可大略的判定一个人的品性。例如头发纤细、肌理细密、五官伶俐、肢干小巧之人，其感觉每极敏锐，心智也极精细。这种人比较喜欢致力于纯粹属于智力的轻巧的工作；相反地，发肌粗糙，躯干壮大的人，极为粗心，他们只能从事于需要力量而且坚忍耐劳的职业。再从相片分析：所有大诗人、教育家、评论家，其头部及身体皆上宽而下狭有成为一个三角形的趋势。所有大将军、创业者、工程师、探险家、运动家、飞行家，其面体、手各部分皆为方形，而躯干的轮廓更有成为平方形的趋势。至于大法官、财政家、组织家和富豪，其面体各部则为圆形的轮廓。这种特征皆可以由观察而加以证实的。（注十五）

其实上述的譬喻是不尽可靠的。其主要的错误便在以身体的因素解释或推测心理的特性。我们固然不否认诗人、教育家、大思想家需具有丰富而发达的头脑，可是同样的大法官和工程师也需有丰富的脑力始能成功，而且有若干法官和评论家一样思虑周到，严办无情，故其外形也有成为三角形轮廓的趋势。进一步说，面部之形状的变化虽可受习惯动作的影响，但各种由遗传规定的面部的特点则非面相学者所能解释。抑且在事实上尽管有很多从外表看很是冠冕堂皇的而却有盗窃的行为。相反地，所有的鼠窃却并不一定具有贼头贼脑的相貌，再者，上智与下愚的人，在面相学者看来，他们是各有其外表的生理特征的，可是具有平均智力的人，其与上智和下愚的区别则极困难。抑且从另一方面看，各个面相学者认为与人类品质有关之生理的特征的拟定，其意见也互不一致，以此面相学之科学的价值实在是很可怀疑的。

不过面相学确曾风行一时，在现在，号称科学世界的廿世纪仍有不少的人相信。考其原因不外述下四点：一、人类多半是具有希望和野心的，而且对于神秘而不可思议的事情，虽不一定完全相信，也不敢不信。面相学本身是一种神秘的东西，它不仅可说出人类的品性抑且可预卜他人的休咎，以此使得许多人不得不将信将疑。二、面相学者对于他人之预言与暗示，偶然被采纳而成功了或者是偶然证实了，则极能引起他人的注意；可是他的种种不正确的预言是为人所忘记的。三、人之喜恶与表情，在眼光锐敏的人是很容易发觉的。根据观察所得的结果向人建议，因与人兴趣相合之故，其成功的成分颇大，这种成功为事实，面相学者每每以为是科学的根据并作夸大的宣传。四、面相学者的偶然被证实的事实既经人信为正确，则面相学者的建议便能增加他人的信心，因之其获得成功的机会较多，其后当更能为人所相信。

（c）骨相学

骨相学或脑相学（Phrenology or Crarliology）是人性测量在另一方面的发展。高尔（Gall，F. J.）是这种学说的创始者，史普亥谟（Spurzheilm，J. K.）和康伯（Combe，G）发扬其说。他们所持的理由有下述诸点：（1）脑为心能之器官。（2）人类之心能可分为若干独立的能力（Faculties）。（3）这类能力是先天的，在脑皮质上各有一定的区域或部位。（4）某种能力特别发达，则某部之脑皮质也随之而特别发达；因为能力发达之程度与脑皮质中相应区域之发达的程度是互为比例的。（5）脑皮质和脑盖骨的关系甚为密切，脑盖骨各部分的大小即表示脑中各区域的大小，故视察脑盖骨的外形，即可知各种能力发展的差异。高氏等的主张在当时曾轰动一时，且因其与"教义"的内容不符，曾激起了宗教上的纠纷，被逐离境。可是从科学的心理学的眼光评判，并无足取。例如就心理能力的分区说，截至目前为止，我们除了在脑皮质上能确定感觉和运动两种机能的部位外，似乎另外找不出什么司理宽宏、嫉妒、仁慈等抽象的能力底位置。其次，所谓能力之发展与脑皮质之发展彼此相关的说法也属无稽之谈。譬如有一个在视听两方面有缺陷而身体极为强健的人，按理其脑皮质上之感觉区应该不发达而运动区则极发达，但在实际上并无这种现象存在。抑且根据实验动物学家的研究，结果显示脑盖骨各部分的大小和厚薄，并不能表示大脑之外现的轮廓有何种特点。基于上述各点，以此关于脑皮质之发达与脑外形具有密切关系之一个假定，在理论上实难成立。

再从相关方面分析，骨相学的理论也是很难立足的。据佛里门（Freeman）和卡特（Carter）二氏研究五岁至十七岁的儿童之心龄和骨化比例（ossification ratio）的相关，发现其关系在男子为 0.73，女子为 0.75，又历龄与心龄之相关，在男者为 0.82，在女者为 0.83，而心理成熟与骨化比例的相关则在男者为 0.84，在女者为 0.88。这些数字表明生理与心理间的关系是并不甚大。又纳卡蕾特（Sante Naccarate）研究智力与身高之相关系数其范围为 0.02 至 0.14，智力体重之相关系数范围为 −0.02 至 0.18，而体重与身高之相关系数则为 0.13 至 0.44。皮尔生（K. Pearson）研究五百个学生之头部指数、头长、头宽等生理特质与能力之相关，其系数也极低。克莱克通与赖特（Cleton and Knight）二人研究身体因素与判断、智慧、坦白、意志力、领导、创造力、友爱与冲动性等之相关，其系数多在零以下，即最高之系数也不过为 0.11。由上述诸家研究之结果看，可知由生理的特质推断心理的质量是不可靠的。

(d) 字相学

此外也有人从各人所写的字体上去判断一个人的品性的。我们惯常听见人说某人所写的字异常娟秀，某人之所书苍劲、某人之字圆到、某人之字潇洒，种种评语不一而足。而且常常谓"某君之字，真如其人"。字是个人的一种行为表现，由各人所作之书法探讨其品性原不是不可能的。西洋研究这种事情的称字相学家（Graphologist）。他（她）们发现了许多由书法评断品性之原则，兹择其较著者介绍如下。

唐纳女士（Miss Downey）曾以男女所写的信件各一百封，

（都是写给一个女人的）交给十三个人评判，要他们说出哪些信是男人写的，哪些信是女人写的。评判者的年龄范围为十五岁至五十岁。结果评判之准确度超过百分之六十。据评断者说创造性（Originality）为男子手迹之特征，因袭性（Conventionality）则为女子手迹之特征。又皮奈（Binet）曾以八十九封女子写的信和九十一封男子写的信交给十五个普通人和二个字相学家判断，要他们认出字体在两性上的差异，结果普通人评判的准确度为百分之七十，两个专家中其中一人评判的准确度为百分之七十八点八。这表明字体在两性上是确有其差异的特征存在的。

皮奈又曾由智慧高超的人的笔迹与其所受教育和社会等级相同而学识平常之人的笔迹相比，结果有训练的评判者对于智慧评判的准确度达到百分之九十二。他又曾经分析过著名刺客十一人的笔迹并以之与拘谨忠厚之市民的笔迹相较，借以测量他们在道德上程度的表现。受过训练的评判者评断的正确度达到百分之七十三，可称相当准确。据报告在评断时他们所根据的符号：是有野心而骄傲的人，其笔迹的字行向上倾斜；羞怯而胆小的人其笔画清细，强有力的人，字行粗重，t字的横画也粗而有力；有忍耐性的人则 t 字的横画拖得很长；谨慎小心的人，a 与 o 字的结合处常闭得很紧。不过据威斯康辛大学何尔（Hall）等研究的结果，表示并没有上述的关系存在。

最后，我们可略述在习惯上吾人对于另一个人下判断时所采取的根据。一般说来，常人对于他人的判断往往根据于观察后所得的种种印象。例如声音、相貌、姿势、步伐、态度和衣饰、眼色、发色、皮肤腠理、手指形状，口鼻的形状及其位置，等等，类皆为评断时参考的要项。我们固然不能否认这些特点对于人格的形成具有主要的势力，可是这只能称一种粗浅的看法，距离科学的研究还是很远的。

（乙）科学的人格测量法

（1）描写人格之方法

关于人格之描写可采取两种方式：一种是表现法（Dramatic method）。这种方法是显示有机个体以一定的情境，观察他在具体的事件中所表现的活动。另一类是分析法（Analytic method）。这种方法是分析个体所表现的行为，就构成行为的各种特质加以衡量。前一种方法须布置一个具体的情境以传达生动的印象，惟由观察所得的结果并不容易说明被观察者的人格系关于何型。后一种方法乃系就分析所得的特质加以衡量。这两种方法当以后者比较合乎心理学的原则，同时在研究方面也较有系统。不过在后一种方法中，有机个体生存所依的环境是被忽视的，以此所获得的结果并不一定符合于实际的情形。必须这两类方法兼采并用比较参证，始可明了人格的真像。

（2）人格品质之分析

在未介绍人格的测量方法以前，可先略述心理学家对于人格品质的分析。所谓人格品质（Personality traits）就是人格由以构成的成分。根据盖茨（Gates, A. I.）的意思，所有有机体之各种身体的或心理的特质以及各种反应的趋势悉为构成人格的成分。如略作分析，主要的品质有如下列诸项。

一、身体的品质——身高、体重、体格、仪表、面形、健康、精力、感官效能等皆属之。

二、心理的品质——智慧及各种特殊的心理活动如记忆、觉知、推理、想象等能力均属之。

三、特殊才能——所有音乐的、艺术的、机械的、运动的和社会的才能等皆属之。

四、获得的兴味、知识与技能。

五、气质——指各种情绪的趋向与行为的各方面，如激动或平静、愉快或悲观、勇敢或怯懦皆是。

六、决意——即行动之自动的控制能力。

七、品性（Character）——指表现的行为与道德的、伦理的，或宗教的标准相符合的程度。

上述的这些品质，其区分并非是绝对的，各种品质间交互重叠的部分很多。据盖氏自己表示这种区分只是为了讨论的方便而做的。（注十六）

亚尔波特（F. H. Allport）认为人格的品质有如下列各项。（注十七）

一、智慧——所有解决问题之能力、记忆与学习之能力、觉知的能力、建设的想象特殊的才能、判断的稳妥性和一般的适应能力皆属之。这种品质似以遗传的成分为多。

二、动态（Motility）——在这项里面包括有躁急和迟缓（Hyperkinesis and Hypokinesia）、冲动与抑制（Impulsion and Inhibition）、坚执（Tenacity）技巧（Skill）与风格（Style）等主要的品质，这些都是行为活动表现时所具有的特性与倾向，有的先天的成分多，有的后获的成分大。

三、气质——情绪发动的次数与变化、情绪的广度（Breadth），情绪的强度，特殊的心情（Characteristic mood）和情态（Emotional attitude）等皆属之。

四、自我表现——驱动力、补偿作用、内向与外向、识见（Insight）、优胜与屈服（Ascendance-aubmission），张扬和退缩（Expansion-reclusion）等皆属之。这些重要的品质乃为自我表现行为活动时所采取的倾向或所具有的特征。

五、社会性（Sociality）——对于社会刺激的感受性、个人社会化之程度（风俗法律之服从）、自我营谋性（自私）、社会的参与性、以及品性（伦理、道德、法律标准之比较与估量）等项皆系主要的品质。

亚氏所列的各项品质虽不免有彼此重复之处，然各有其特殊的意义，为篇幅所限我们不能详细地一一加以解释。不过我们应该知道他的所谓品质并不是心理机构的原素，而系以原有禀赋为基础以及各种习惯系统相互组合之特殊的反应。这种反应很多上面所述的，不过是比较重要的五种范畴而已。

又纽约大学何萍加纳（Hoopingarner, N. L.）教授认为体质、智慧、能倾（Aptitudes）、技巧和气质五者乃为人格之基础。上述五者彼此相互之间以及它们与环境之间发生关系时便产生了种种人格的品质。最主要的人格品质有下述的十二种。（注十八）

一、感受性（Impressiveness）——这是人格的和生理的品质底组合体。所有体质，精力，个人的外表，仪容和身份皆包括在内。

二、创始性（Initiative）——这是创造、决断、坚持和热心四者的组合。乃为有观念即想表现之能力。

三、透彻性（Thoroughness）——从事任何工作时之正确度和可靠度皆包括在内。

四、观察（Observation）——包括瞬间记忆和知觉的能力。

五、专心（Concentration）——集中注意于某种特殊的工作而不想及其他的问题能力。

六、建设的想象（Constructive imagination）——应用固有的知识和经验以对付新问题，从而解决新问题之能力。

七、果断（Decision）——包括迅速而透彻地理解一种情境，以及在做过某项决定以后进行另一事项之能力。

八、适应性（Adaptability）——这是适应自己使很快爽地对付新问题之能力。聪明、思想之速度以及心境改变之熟练性皆包括在内。

九、领袖才能（Leadership）——这是使他人愿意做你希望他做的事物之能力；同时又是利用人而不借工具或机械去获得结果的能力。

十、组织能力（Organizing ability）——这是看到一个问题中之要素而予以适当的安排，从而作为解决问题时计划方法的原动力。

十一、表现（Expression）——将自己的观念传达给他人之能力。

十二、知识（Knowledge）——使用已知事实及回忆之能力。

何氏曾就上述的十二种人格质量制订测验，实施的结果颇为良好。

此外，据日本之大伴茂研究的结果确定人格的质量有十五种，计具有意志的特色者有勤勉、忍耐、研究、精确、条理、质朴等六项；具有情绪的特色者有和顺、愉快、敏捷等三项；具有行动之特色者有独立、合作、领导、社交、公正、信赖等六项，其说亦有可取。上述诸家关于人格质量之分析互不相同，各种质量之含义也并没有一致的意见，所以并列在一起，以供参考。

（3）测量人格之方法

从实际应用的方法区分，研究人格的方法计有四种：一曰系统的问卷法（Systematic questionnaire methods），二曰评定量表法（Rating Scale methods），三曰测验法（Testing methods），四曰实验的研究（Experimental studies）。兹分别的说明如次。

A. 系统的问卷法

系统的问卷法系以种种与某特性有关的事项，设为许多问题，由被试者诚实作答，然后就其答案断定所需研究之某种特性的性质。一般言之，这种方法应用之目的有四：（1）获得某个体适应不良（Maladjustment）之材料；（2）寻求个体对于社会、经济和宗教等问题之态度或信仰；（3）发现个体对于人、书籍、运动、职业、机械的活动和社会的活动之兴味；（4）家庭状况，职业地位，文化等级以及其它环境的事实之材料的获得。

本法的应用须先假定一些问题，问题假定以后，便须要被调查的人作答。答案的方式很多，或采是非法——即在每一问题之后列"是""否"两个字，由被试者选择一个字作为答案。或列为"喜欢、不喜欢、既非喜欢亦非不喜欢（like, dislike——independent 分别以 L. I. D. 三字代表之），三项或按程度列为"全部、最多、许多、很少、全无"五项、或以"－2、－1、0、＋1、＋2"等五个数字代表活动之程度，由被试者酌量情形予以划记作为答案。这种种方式设计的目的乃在将主观的见解尽量的客观化。不过拟定的问题须贴切周全且须尽量避免暗示的意味，所获得的结果始有价值。兹举吴伟士所拟定的心理神经质的问卷（Psychoneurotic questionnaire）为例说明之。

吴氏的问卷包括有一百十六个问题，这些问题系和思想的习惯，情绪的反应，社会的适应和意志的控制有关。这种问卷在最初是用以测定美国在上次世界大战时由前线退下来的兵士有无神经病的倾向的。其后马休士（Mathews）加以订正，并改称为个人事实表格（Personal data sheet），于是便可应用到学校和其它团体里面作为神经病或情绪稳定性诊断的工具了。我国萧孝嵘教授对于吴氏的原作曾予翻译，并经订正，使尽量适合于我国的国情，其名称为萧氏订正个人事实表格第一种和第二种两种，皆分别定有常模。前者适用于儿童，后者适用于成人。兹摘录第二种内的一些问题于后以见一斑。你在答复下面各项问题时，若认为对，就在"是"字下面画一横线，若认为不对，就在"否"字下面画一横线。一切问题都须答复：

（1）你平常觉得身体强健么？

（2）你平常睡得很好么？

（12）你常常觉得呼吸困难吗？

（19）你常常患剧烈的头痛么？

（25）你曾经有一个时期完全推动了记忆力么？

（31）你从前和任何别的儿童在一起都觉得害羞么？

（40）你的身体受了饮酒的害么？

（51）你走过大街或露天的地方的时候，觉得心里不安么？

（61）你曾经想放火去烧一件东西吗？

（68）你容易发怒么？

（81）你曾经患过胃弱病么？

（90）你喜欢户外的生活么？

订正的测验问题由一百一十六项减为八十八个，根据标准答案逐题核对，每个问题符合于答案者给一分，故最高的分数为八十八分。据萧氏的报告：大学一年生的常模分数为五十六点六七。如大学生之分数在三十七分以下则其情绪稳定性即可怀疑。中央警校七八两期生的常模各为七十六点七和七十八点二。现任警官之常模为七十四点三。如这类人之分数在六十六分以下，则其情绪稳定性不得认为满意。中学生的常模分数在初中男生为六十九点八。女生为六十七点九七（缺三年级），高中男生为六十八点零五，女生为七十点四四。如学生之分数在六十分以下，则宜予以注意。由这些分数看，可见读书的年数加多，其心理反有不健全的趋势。至警校学生和警官的分数则较接近，或因情绪稳定者乐于担任警政工作，或因警察教育能

发生特殊的影响所致。（注十九）

至于个人事实表格第一种中之问题由七十五减至七十后再减为五十六项，并以常态反应作为记分标准，即得分愈多，情绪愈为稳定。（吴马二氏之记分标准系以病态反应为根据，与一般人对于分数之概念相反）其常模在四年级之男性为四十点九九（σ为六点五四），女性为三十六点九六（σ为五十七点五五），在五年级之男性为四十点一零（σ为七点一零），女性为三十六点七五（σ为八点一六），在六年级之男性为四十一点八一（σ为七点一八），女性为三十九点零六（σ为七点二七），这些数字是很有诊断的价值的。

又据某君应用吴马二氏个人事实表格研究学校儿童的结果，其结论为：（1）情绪稳定性随年级而增进，年级愈高，分数也愈高。（2）情绪稳定性男性高于女性。（3）两性之标准差在各年级皆约略相等。这种情形跟萧孝嵘先生修订第一种表格所获得之结果是相似的。又根据年龄分析（九岁至十五岁）发现：（1）分数之增高有与年龄成正比的趋势，但十四、十五两种年龄人的因人数较少有起伏不定的现象。（2）男性之情绪稳定性较女性为高，（3）在标准差上比较，除十五岁者外两性大略相等。

奥尔波特（Allport）的优胜和屈服测验（A test for Ascendance and Submission）是在另外一方面的探讨。亚氏是社会心理学家，他认为社会上的人可区分为优胜者和屈服者两类。前者的品质为喜访问重要人物；根据自己的意思决定行为；常仗自己处于优胜而显著的地位；对于任何摧残权利的行为悉予抵抗；喜欢争论；而照常反抗他人的意见。后者的品质是怕见重要人物；容易顺从他人的意见。倘如寻求某种地位便须将自身显露出来便宁予放弃；对于摧残权利的行为虽内心愤恨也不表示反对；避免争辩；易与人同意，即不同意也容忍而不发言。这种区分和内向性与外向性的区分是相仿佛的，不过内外向性的区分系从应付问题的态度方面说明人格的特性，而优胜和屈服的区分则着重于人与人间的关系的分析。亚氏所编测验的项目很多，兹摘录二条以见一斑。

（1）当你走进教室或讲演室或会客厅的时候，预定的节目已经开始了，而前排还空着有位子，但是很多人都站在旁边，这几个位置你可以随便坐，虽然最易引人注目但丝毫也不至失仪的，请问你去坐那些位子吗？

（a）总是去坐下

（b）有时坐下去

（c）从不去坐

（2）当你在一个公共场所遇见了一个你似乎认识的人的时候，你会不会走向前去问他你们在什么地方见过面呢？

（a）有时去问

（b）很少去问

（c）从不去问

这个测验所表示的是一个人在特殊情境中的举动，故其准确性每较普遍的发问所获的结果为大。其原因有二：一为个体对于浮泛的问题不易确切置答；一为特殊的问题对于一切的受试者皆具有同样的意思，受试者只能在规定的范围内答复。

这个测验和内外向性测验的结果有正的相关，系数的范围为由零点一五到零点五一，其数虽不算大，但已足表示二者具有正面的关系了。

问卷法是寻找材料很好的一种方法，不过问卷的制作颇为不易，而设问尤须有特别的技术始可获得可靠的结果。一般的说，问题的假设至少须顾及下面几点：（1）问句的数目应简明详尽，但须能包括必须调查事实之要点。（2）问题的意义应明显确定，以免回答的人发生误解。（3）答案的方式应该预先规定，或采是否法，或采多问答一法，或用数字作答，尽如此则答复的人既便于作答，在问卷和统计的时候也可获得不少的便利。（4）各个问题之间最好具有连贯性借可作为联证。

问卷法的效度多由下列诸条件决定。（1）被试者答案之真实性。（2）问卷的结果和其它客观的测验结果的相符度。（3）将答案和其它实验的观察者估量或评判的结果相比对或求取相关。效度是任何测验或测验式的问卷所必具的条件，必须有高的效度，始可望有可靠的结果。

B. **评定量表法**

评定量表的各类很多，比较最常的有下述诸种。

（a）人对人的比较量表（Man to rating scale）。这种方法是受评定的人将自己的各种特性和所谓"量表人"（Scale man）相比较。但量表人的选择极为困难，大多数的量表人系属假定的人物，须将其特性作简括而悬拟的叙述，俟作为比较的根据。

（b）描写量表（Descriptive or adjective scale）这种量表的中央有一条横线。在横线的上端更有几条短横线，每一短横线下注有形容词描写一种品质所表现的各种活动。评定者可于中任意选择一适当的形容词并在其短横线上作一"V"记号,借以表示受评定者在此种品质上活动的程度。萧孝嵘订正的勒氏品质评定量表即属这一类,例如:

(1)他每日所做的工作无间断否?连续工作至毕而止　有时停止工作　时作时报　常思交谈或休息　无故停止工作

(24)在需要勇敢时他的举止如何?不顾利害率性而行　坚毅镇定　气饮而不畏缩　在可能时设法避免　回避一切困难

(40)对于施与的态度如何?施与之事很少　能施与而非所自愿　其施与只限于朋友　很少迟疑　临时可以施与

这种量表的目的在衡量人的内外向性。每一种品质项下所附的形容词各代表内向或外向程度不同的活动,在此一个极端为内向性的活动,另一极端则为外向性的活动。但各种特性所具内向性或外向性活动的位置是混乱编排的,以免受评定者自行评量时有猜测的心向。订正的全量表共含有四十种品质,取材尚称广博。

(c)图示量表(The Graphic rating scale)这种量表的内容和描写量表是一样的,不过在后来记分时须将结果化成数量,以便比较;同时于总分之计算亦较方便。尽必如是始可将评定的结果用图表示出来。例如萧氏订正勒氏品质评定量表的计分是由各种品质之外向性,活动底一端作为计算分数的起点的,由一分起逢,每推前横线一段即多给一分,至另外一极端(即内向性的活动所在处)即得五分,抑即为每一种品质所能得到之最高分数。譬如第 24 问,设受评定者的画"V"符号系在

"坚毅镇定"一段线之上，则给二分；设所画符号系在"回避一切困难"一语的短横线上，则给五分。每一品质计分之起点可比照标准答案计算。

（d）数字量表或百分等级量表（The numcrical percentage rating scale）。这种量表的内容是我们在列举某种品质以后，即于其端画一长的横线，并将此横线区分若干等级。评定者在评量某个人在这种品质上的情形时只须在此横线上选择一适当的位置画一个记号，此即表示受评定者所具的程度。不过这个量表是由评定者（rater）所预拟的，乃系主观的东西，必须综合许多评定者评判的结果，始可确定某某受评定者的某种特性所表现的程度。兹举一例作为代表。

语言条理 12345678910

（e）次序量表（The merit order scale）应用这种量表的手续是按照受评定者在每种品质上所表现的活动底程度为如何确定其先后的次序然后予以排列。当然这仍旧是含有等级性的。

（f）对单量表（The scale of a check list）这种量表是就某种特性的内涵预先拟定一些问题或短句，受评定者可按单自行评量每种品质之为有或无，然后加以综计。这与某种品质所表现的程度为如何并无关系。其实这种量表也可归之于系统的问卷法一类的。兹引"烦恼分数"（trouble score）之字单测验为例，说明如次：

健康不良	体格拙劣	怪痛	胃口坏	晕眩	神经性
寂寞	乏勇气	交友不满意	伤感情	恶梦	无聊
缺乏自信	受辱	怕羞	自我感触	狐疑不决	不定心
生命危险	忿怒	感觉悲惨	悔恨	运气坏	待遇不平

受试者可按照上项字单自行比对，看看在自己的生命过程中具有何种烦恼的事实。如烦恼分数甚大，则表示他对于环境的适应不良，必须有精神美学专家的帮助或忠告方可望改善。塞斯通（Thurstons, L. L. and Thurston, L. G.）等将烦恼字单扩充为二百二十三个问题用以测验一班大学新生。据统计结果：烦恼分数之两极距为五分到一百三十四分，男生之平均数为三十七点三，女生之平均数为四十三点五。此被测团体之中居于平均数的人约有五分之一或六分之一的烦恼系为殖民中所普遍具有的。各个体的分数大多集中在平均数；两端的分布均极少。又就其相关分析，烦恼分数和智慧无关，但与学业分数则微有相关，烦恼分数愈多，学业成绩也愈佳。至其原因为何，目前尚难假定。又少年犯罪者也有较大的烦恼分数。就平均数说，对于同年龄的儿童差异颇大。（注二十）

总观上述各类评定量表，不管是自评的或由他人评量，似乎总避免不了主观的影响。第一，人"对于人往往不免作过好的批评，此即所谓'量大的错误'（Generosity error）者是。其次，月晕影响（Halo effect）往往使评量难于正确。评定的人如对于受评定者一般的意见认为满意或不满意，则其对于每种特质的主题皆属如是，很少加以区别。第三，评定者的偏见对于评量的结果之影响很大"。

欲图评定量表之结果可靠，首先，注意的为须评量的特质之选择。所须评量的特质必须是真真有价值的，并须有确定的意义，同时还须有客观估价或测量的可能。其次，分级的数目应在二与七之间，最好为五；不可过多。（Boyee 的意见）第三，在每一量表的区分以内，个体的数目必须符合于常态曲线的分配。最后，每种品质须有多数受过训练的人的评量，计算其平均数，则所得结果始为可靠。

C. 测验法

在测验法中，我们可以区分为两种情形叙述。一种情形是实验者预先布置或描述一种标准而实际的情境，视受试者在内作何种反应，从而判定其品性。当然在测验前须将测验的目的隐瞒的。另一种情形是就人格的物质加以分析，（如前述各家所分析的人格品质）分别制作测验以为搜寻材料的张本，再根据测验的结果进行统计。前一种测验着重在作业的情形，比较是综合的；后一种测验则为分析的。惟在人格的研究中，必须二者并用，即可获得其真相。

（a）诚实、合作和坚持性测验

夏特休和梅（Hortshorne and May）两氏在测验方面做的工作很多，而于诚实、合作、坚持性及自我控制等品性的测验尤有贡献。兹略举数则，以当介绍。

诚实测验进行的手续是，先对儿童施行一种拼字测验，测验过后，收集所有测验的材料，同时记录其结果。翌日将测验材料发还，并附以标准答案，命各儿童分别的各自评阅记分。善于欺骗的儿童必将更改其原先用铅笔所做的符号，借以增加

第四章 人格的测量

其分数。故分数大为增加的儿童即为不诚实的表现。又或令儿童作握力竞赛测验。每个儿童准许练习三次，实验者心里默记其最高的纪录。其后任凭各个儿童继续而迅速地握五次，并将其结果记下。我们知道在迅速的试验中，疲劳对于紧握的记录之增加是有妨碍的；而且很难有增加至超出其前三次尝试的记录的可能，以此受试者的记录是否为诚实，不难推断。又如今受试者闭目作方迷或圆迷测验、遵照指导进行，不得触及两边的分界线，倘受试者的分数超出标准以上的，必为不诚实无疑。

合作测验进行的手续是，预先准备好一些铅笔橡皮和米突尺一类的东西，命儿童随意赠送到邻区的贫苦儿童，赠送的数量听其自便，可以全部赠送，也可以只赠送一部分，儿童的测验分数视其所赠送的数量如何而定。

坚持性测验更有趣味。进行的手续是，实验者开始念一段富有激动性的故事，在达到顶点时即行停止，并发出一些纸张，所有故事的未完部分都印在上面，不过上面所印的字是各个字母相连或大小楷相间，很难将各个"字"分画出来的。儿童在阅读时，必须用笔将各个字分开，他所分开的多寡，即可作为他的坚持性的分数。例如：

CHARLESLIFTEDLUCILLEONHISBACK ' PUTYOURARMSTIGHTAROUNDMYNECK

嗣后又改成下列的形式：

WHENhEhlMsELFwAsaLMostexHauSTEDHEtRIEDtOLIFThlmSelf

最后又印成下式：

53

finALlytAP-tAPCAMEARHYTHMontheBriDGcrUNNingfeET

上面各种字体无论是哪种印法都很难辨识，如非坚持性极强的人是不容易继续读下去的。

(b) 道德判断测验

上述夏、梅二氏的测验都是预先布置好一个标准的活生生的情境，而后观察被试者在内所表现的反应的。至若由情境的叙述而观察被试者的道德判断的，盖茨（A. I. Gales）所著《教育心理学》第十七章内所述的例子可作为代表。这种方法是询问被试者一个问题，要他在预定的几个答案中择一作答。例如：

(1) 假使有人请求你借给他一支铅笔

(a) 告诉他你的铅笔已折断了。

(b) 告诉他你的铅笔刚刚失落了。

(c) 告诉他你不愿意出借。

(d) 让他拿去。

(2) 假使你在考试的时候看见一个同学舞弊。

(a) 不告诉任何人。

(b) 向他解释那是不对的，并且忠告他。

(c) 报告老师。

(d) 不说什么，自己也跟着舞弊。

(c) 濮莱西（S. L. Pressey）X－O 测验

这个测验的用途有二：一为研究罪犯、神病患者及异于常人者的情绪态度；一为研究一般人的感情态度、道德标准、情绪组织以及在两性与个性等方面的差异。测验的形式分 A、B 两种。前者适用于成人，而后者则适用于儿童。我国萧孝嵘教授以其所包含的材料有一部分不适用于我国，曾加以修订，制成量表。兹将其属于 B 种形式的摘要介绍如次。

测验分三种，每种测验原有一百二十五个字，萧氏删改编一百个语句，分做二十行排印。测验的手续是：

第一步指导：（原文为横排）

测验一　在下面二十行中倘有一个语句是指一件坏的事物，请你画消这个语句，画消多少听你自便，但你必须把你所认为坏的事物完全画消。

1. 谦恭　　窃笑　　小气　　精神衰弱　调戏
2. 轻看　　卑鄙　　身体残缺　跳舞　　迂缓
3. 吝啬　　玩弄别人　夸口　　犹豫不决　女郎
4. 欺侮别人　癫狂　　怀疑　　自满　　贪婪无厌
5. 神经病　离婚　　骄傲　　狡猾　　贵族

测验二　在下列二十行中，倘有一个语句所指的事物是你曾经忧虑过的，或曾经使你觉得不自然的，请你画消这个语句。画消多少听你自便，但你必须把你曾经忧虑过的或曾经使你觉得不自然的事物完全画去。

1. 污秽　　神　　　找错处　破坏　　忧愁
2. 灵魂　　不公平　失败　　刀　　　侦探
3. 良心　　不测之祸　愁闷　　失望　　癫狂
4. 贼　　　忧虑　　坟墓　　肺病　　轻看
5. 胆小　　溺死　　身体衰弱　戏惹　　狗

测验三　在下面二十行中，倘有一个语句系指你所喜欢的事物（或你有兴趣的事物），请你画消这个语句，画消多少听你自便，但你必须把你所欢喜的事物完全画消。

1、算命　　　摇船　　　海边　　　山　　　游艺会
2、露天生活　网球　　　游山　　　小吃　　娱乐公园
3、科学　　　美术　　　商业　　　军事　　医学
4、接吻　　　讲恋爱　　好看的女子　欢喜说话的女子　欢喜运动的女子
5、研究　　　跳舞　　　幻想　　　散步　　读书

第二步指导：

细心地看一遍！不要更改你已经画了的记号；不要注意这些记号。在每个测验的每行中，照着下面的规则去圈一个语句。

测验一（在第一面）请你把每一行中一件最坏的事情加上一圈。每行必须有一个圈，不可遗漏一行。倘若你不能确定，请猜一猜。

测验二（在第二面）请你把每一行中你曾经最忧虑的一件事情加上一圈。每行必须有一个圈，不可遗漏一行。倘若你不能确定，请猜一猜。

测验三（在第三面）请你把每一行中你所最欢喜的一件事情加上一圈。每行必须有一个圈，不可遗漏一行。倘若你不能确定，请猜一猜。

不要注意你从前所画的记号。你所圈的语句多半是已经有了记号的，但不一定是有记号的，一个语句可以有一种记号，也可以同时有两种记号。

全部测验做完以后，那就是说画消与打圈两种手续都做完了以后，请你举手，以便主试知道你做完了。

上面所介绍的是这个测验的内容和实施手续的大概。测验卷由主试者收集并记其所费的总时间。萧氏订正测验的分数有三种：一为画消分数，即每个测验里面被试者所画消语名的总数。萧孝嵘氏曾制订画消分数之年龄常模，并区为男女两性。根据其常模可核算每一被试者在经过这种测验以后其分数是否在常态范围以内。倘如系在常态范围内，则其情绪状态系属常态；倘如其分数在常态范围以外，则为异常之表征。至于各个年龄常态范围之确定则由各个年龄的被试者在这三个测验上的画消分数的均数和同年龄的标准差相加减（$M\pm 1\sigma$）而得。例如十四岁之男性儿童在测验一之均数为八十，标准差为十三，则其常态范围乃为六十七—九十三，兹有某男性儿童在测验一上得分九十二，这个儿童当然可视为常态的。

画消分数至少可表示两种事实：一为引起情绪态度之事物的多寡，一为表示态度之为慎重或轻率。如此项分数多，吾人可解释为引起情绪态度之事物在某被试者为数特多，也可以说某被试者在某些方面很轻易表示态度。如此项分数少，则其情形正相反。这项分数在十一岁至十九岁的范围内，其均数有随年龄而减少的趋势，至于标准差则各个年龄的儿童在同一测验里面具有同样的数值。这是就男性方面言。至于女性，在这三个测验里面，各个年龄的儿童所获得之均数和标准差皆属相同。（测验一各年龄之均数皆为七十六，标准差为十四，测验二之均数为四十四，标准差为十六，测验三之均数为四十一，标准差为十一），这种情形是很特殊的。

再就两性比较。测验一：在十八岁以前各个年龄之儿童，其均数皆男大于女，而标准差则相反。测验二：在全年龄范围内，均数与标准差皆以男性之数量较大。测验三：在十八岁以前，女性之均数有较男性为小，标准差则全年龄范围内皆表示同样的趋势。

第二种分数为区别分数（Differential score）即各个语句之反应在年龄上的差别。在测验中，萧氏将关于语句的反应按年龄之大小区分为两组，一为年幼组，包括十一岁至十五岁的儿童，一为年长组，包括十六岁至二十岁的儿童。在全部测验中，有些语句其反应系年长组的儿童多于年幼组的儿童者（O　Y），有些语句其反应系年幼组的儿童多于年长组者（Y　O）。区别分数之计算是先确定被试者所画消之语句属于（Y　O）和（O　Y）两组者各为若干，然后求二者之差数，其结果即为区别分数。这种分数的常模和标准差，萧氏均曾算出，常态范围之确定也系以 $M \pm 1\sigma$ 为标准。

区别分数所代表的是情绪成熟之程度。从萧氏测验的结果上看，这种分数与成熟的程度成反比。（即分数愈低表示情绪之成熟愈早，反之，则表示情绪之成熟愈迟）不过除测验三以外，分数之相差不能算很大（但测验二在女性方面颇大），而标准差在各个测验都相当的大。至就两性比较，在测验一和测验二，其均数和标准差皆女性大于男性，测验三之情形则相反。这表示女性情绪成熟的时期似乎要早些，其常态范围的限域也远较男性为大。（如不认可测验三的结果，我们可以这样说）。

第三种分数为离中分数（Deviation Score），乃表示被试者在最憎恶，最忧虑和最爱好的事物上和常人的态度不相符的程度。离中分数愈高的人,则其与常人相去亦愈远。这种分数的求法是将各个被试者所圈消最多的语句和众数不相符的次数求出。所谓众数系指每个测验中每行被圈消最多的语句,原可看作一种标准语句。故与标准语句不相符的语句之次数愈多,即表示在三种测验之基本态度上有其不同之处。倘如某被试者在这种分数上超出了常态的范围,那么这个人的心理发展必不正常,务须严密地予以注意。

萧氏在其报告中曾声明三点:一、常态程度之估定以 $M\pm1\sigma$ 为范围系属一种假定。这是说分数不在这种范围以内之被试者属于变态方面之可能性较其属于常态方面之可能性为大。二、同一被试者在某种测验上属于常态,在另一测验上属于变态,其究为常态或变态视其所属之测验而定,因为一个人原可以在甲方面是常态的,而在乙方面则有变态之倾向。三、若一被试者在画消分数区别分数和离中分数三方面无一致之结果,则各种结果之解释应视分数之意义而定。(注二十一)

(d) 唐纳(June E. Downey)之意志气质测验(Will temperament test)

唐纳女士的测验是布置在实验室里面举行的。实验的目的是企图由书写运动以决定个体的意志气质的倾向,意志气质测验全套包括特殊的测验十二种,计可分为三类,每类包括测验四个。一、反应的速度和适应性的测验——运动速、释负性的强弱、适应性,和决断的速度等皆属之;二、反应的强度和决定的测验——运动的冲动、对反对语之反应、对阻碍之抵抗、判断的终结等皆属之;三、反应的正确度和持续性的测验——

运动的抑制、对于细目的兴趣、冲动的调节，和意志的坚持等皆属之。兹将这十二种测验的项目简述如次。

1. 运动的速度——受试者自由书写，或快或慢均可。

2. 负荷的免除——受试者渐渐地加快书写的速度，直到顶点，丝毫不加压力。就平常书写速度之成绩和最大的书写速度之成绩求其比例（指时间），随而决定其负荷之释放度。

3. 适应性（Flexibility）——受试者依照口述的指导模仿某些字，籍观其适应时之安静与效果。

4. 决断的速度——按照一张描写的字单校对自己的性格。

5. 运动的冲动——受试者在各种分心的情形下，开目或合目书写某些字，借以衡量其在除去阻碍或抑制的因素后反应之能力，抑即为个体动作时潜伏不显能力之衡量。

6. 对于反对语的反应（Reaction to Contradiction）——受试者否认实验者故作反对语词（暗示）时所持自信之程度。

7. 对于阻碍之抵抗——在书写测验时，故意予以种种阻碍，视其克服困难之倾向如何。

8. 判断的终结——使受试者改变其在以前所作测验之判断，视其为随意更动抑或坚持己见。

9. 运动的抑制——使受试者仅慢地书写某些字，此尽为运动的控制、镇静，和忍耐性的测验。

10. 对于细目的兴趣——受试者须不借特别之指导而能准确地抄写一些特定的样本。

11. 冲动的调节——使受试者按照严格的要求，作一种速写测验，尽由以测量受试者控制一复杂情况之成功的能量；任何有关的因素皆不能忘记。

12. 意志的坚持——此测验系任受试者尽可能地在其所愿花费之时间内好好地模写一些字，盖借此以衡量其忍耐坚持的能量。

根据测验的结果便可用一个心理侧面图（Psychological profile）表示之，既可作永久的记录，又便比较。兹将唐纳原图引述如次。

测验内各种品质活动的程度均作十等分计算。据唐纳本人的意见，分数在四至六范围以内的是一个动作并不甚快，有力量，而且颇为精细的一个个体，可看作一个平常人。在运动的速度、决断的速度、负荷的免除、适应性和动作的冲动诸测验内得高分的人，乃是好活动或者是组织迅速的个体；而在运动的抑制、对细目的兴趣、冲动的调节，和意志的坚持诸测验内得高分的，则具有能控制、精考虑、耐劳苦的特质。本例所举的是一个曾担任过重要行政位置的成人的纪录，这个人并具有演说和演剧的天才。在侧面图内表示他是一个成功的行政家，因为他决断迅速，判断肯定，而且在负荷的免除、对阻碍之抵抗、运动的冲动，以及运动的抑制诸测验内，皆得有高分数。他在适应性测验的成绩甚优，对反对语之反应一测验内的成绩居于中等，这二者表明他的社会的智能颇高。在对细目之兴趣一测验内他的分数甚低，就他所处的地位说，并无关碍；惟意志的坚持力低，则为他真正的弱点。

唐氏所编意志气质测验有适用于个人的，也有适用于团体的，惟赖书写的活动以测量各种特质，似不无偏颇欠周。必须在其它方面予以扩充，始可作多方面的观察，例如说话、解决问题、手或足的敲击、颜色球的分类等等，在动作的速度方面都是很好的根据，而对于阻碍的反抗，如能改变情境使其特殊化，所得结果当也较有价值。人格的表现原是多方面的，必须从多方面观察，始可获得真相。

另外，唐纳和欧尔波洛克（R. S. Uhr-brock）合编有一种非文字的意志气质测验，包括十三种材料。日本桐原葆见修订为十种测验，并经求出日本儿童的常模。兹将主要的内容介绍如次，以供参考。

1. 决断的速度——本测验内计有图形三十六对，被试者须在每对中选取自己喜欢的一个图形，并用「X」表示之。时间限定三十秒钟。由所选定图形之多寡计分。

2. a 运动的速度——在间隔 8 mm 的两条平行线中，用适当的速度画斜行线，时间限二十秒钟。依所画斜线之多少计分。

2. b 运动的能力——在间隔 8 mm 的两条平行线中，用最快的速度画斜行线，时间二十秒钟。依所画斜线数目之多少计分。

并以 b/a 之比例作为意志能力指数。

3. 意志的抵制力——仅慢地描摹三条波形的点线，就最后一条线计算其在二分钟内所描画的长度计分。

4. 记忆的自信——记忆二十页每页画有一个人形的小画册，每隔五秒钟翻看一页。（此为测验 9 的预备测验）

5. 运动的调节（手眼合作运动）——在相隔 16 cm 的二纵线上，由左端向右端，画引横线，画至→处即停止，动作愈快愈好，时间二十秒钟。

根据画引的五条线评定成绩。如画引之线不足五条，须全部取用；如引线在五条以上，便取用最上之五条线。其法系作直线连接上下箭头，并用密突尺量所引之五条线达到或超过箭头所示范围之距离，并求其平均数，作为分数。

6. 对于细目之关心——辨别三十二对用点子构成之图形，在每对图形中将点子多的一图标出。时间一分钟。以辨别之准确图形的数目作为分数。

7. 固执——将上图分为若干部分，自由配合，再画成一图，惟须仅量求异于原图。以被试者自认为满意之图形所需时间之多寡计分。（时间五分）

8. a 意志动作的扩张度——令被试者准确地仿画链形曲线，时间二十秒钟。用密尺突尺测量所画链形是否扩大及链数是否加多计分。

8. b 对于分心阻碍之抵抗——（一）闭目画链形。（二）数计实验者用手敲桌之次数，同时画链。（三）看实验者挥手，并计算其挥向右方之次数，同时画链。这三项测验之时间各为二十秒钟。依被试者所画链数及其大小计分。

9. 自信的强度（判断的终结）——令被试者看四十张人形图，将所有在测验中看过的用"○"表明，并将确定认是为看过的用◎标示，时间四分钟。计算所得◎之数作为分数。

10. 决断上之固执性——订正测验所选取的图形；并在全部图画中用"○"表明最喜欢的一个图。由订正所需时间之多寡计分。（时间二分钟）

上述的十个测验中有些项目是与唐纳女士自己所编的文字画写测验相同的，有些则稍微有点区别，惟其结果可以表示意志气质含量的程度似乎是无可疑的。

(e) 领导品质测验

亚尔波特认为每一个领袖都是具有超越的物质伎，其附从者对之咸能持一种屈服的态度。从这句太阳岛的涵义分析，我们可以知道领袖之所以为领袖自有其特殊的人格的。根据许多心理学家的分析，领袖的基本品质为创造性，好胜心和生活力三者。所谓创造性系指一个人最善于而且最乐于寻求新的目标的性质。富有这种品质者，富有魄力，工作迅速，百折不挠，爱好活动，且易于使观念门类为行动。好胜心则为自我价值的感觉，一般为价值的意识，和寻求权威的意志。具有这种品质者好与人竞争，常不满意于现有的位置，至于生活力则为一切生物所具有的精力的表现，它系融合于整个的有机体，尽为一切动作的本源。心理学家的任务即在对此三种基本的品质予以衡量，俾便寻出何种人物具有领袖的才能以作领袖训练的根据。

德国但齐希（Danzig）工学院心理研究所的卢子伦（Wilbelm F. Luithlen）先生便是致力于研究这一方面的一位专家。他编制了一套测验，对于创造性和好胜心予以直接的衡量，并借记忆和想象的测验间接去探知创造性和好胜心的表现，至于生活力必须在整个的研究历程中观察，全人格的综合诊断中探讨。其内容比较复杂，乃是不容易作分析的研究的。这套测验著者曾和萧孝嵘教授合作做过一个初步的研究，估定其在中国应用的价值。（注二十二）

（1）创造性测验　本测验中包含了三个测验，分别简称为 $IV_1 IV_2 IV_3$ 兹略述如次。

IV_1 测验内所用的材料为单字卡片五十张，同样的各做一套，一套饰以红边，一套饰以蓝边，将这两套卡片分别交给两个受试者，要他们利用这些卡字尽速的编成一些有意义的短句，时间愈快愈好，且以不余留卡片者为上。利用卡片一张即给予一分，惟评给分数时须同时注重字句的统一性、联接性和有意义（Unity, Coherence, and Meaningfulness）三者。凡不能满足这三个条件的，全句不给分。计算合用的卡片数除所费去之时间数即为创造性分数。本测验所用的单字是：这、是、很、大、的、个、老、猫、他、要、叫、了、太、阳、哭、今、天、那、狗、子、捉、鼠、小、孩、病、重、好、学、向、红、花、朵、虎、咬、人、风、帽、热等三十八个字。其中"的"字五个，"是"字三个，"这""很""老""大""他""个"等六字各有两个。

IV_2 测验内所用的材料为短句卡片二十五张。做同样的卡片三套。先以两套同样的卡片分给两个受试者，要他们个别的编成一个故事。然后又交给他们其余的一套卡片要他们共同编成一个故事。看在结果上谁受谁的影响大些。计分的标准和 IV_1 一样，以能恰切的利用卡片一张者给一分。计算利用的卡全数除所费去的时间总数即得创造性分数。测验内所用的短句是：一个父亲对他的儿子说：——你的一封信——拆开一看——是朋友的一个约会——时间是上午十二点钟——同时给他一百元——他非常高兴——匆匆地走出去——经过一个公园，里面比赛足球，许多人兴高采烈地围在那儿——那儿有一面大镜子——不幸跌了一跤——钱不见了——非常懊丧——想想看——不出看朋友了——走近一个池塘——左右徘徊——看见自己的影子非常憔悴——急得流下泪来——后面有人在肩上一拍，回头一看——原来是一位好友，安慰他——并且给他一百元——忽然大喝一声——急忙起来——做了一个梦。

Ⅳ₃ 所用的材料是一种特制的两重书写器，要两个受试者联合书写五个中国字，一句英语和五个亚拉伯字并须画两张人像。这种食品运用时有互相控制的作用，必须有创造性的人继可以不受他人的影响而书写自如。记分的标准是比较两个受试者的成绩。依照笔画，凡能不受他人牵制影响而能书写完美者每画给一分。不过这件机器在制造上有毛病，是并没有获得结果的。

（2）好胜心测验　这个测验包含了两部分，分别称为 $E_1 E_2$ 其内容是：

E_1 测验所用的为数字卡片五十张，卡片两面写有由 1 至 50 的数字，一面为红字，一面为黑字。同一卡片两面的数字并不相同。这种卡片备有两套，散乱地平放在桌上，要两个受试者分别各选定一种颜色，尽快地用自己所选定的颜色数字按照顺序将卡片由 1 到 50 排列起来，二人共摆五十张，看摆齐以后，谁摆的数字卡片最多。每摆卡片一张给一分。

E_2 测验则为两套有颜色的木板，每套恰巧能在一个木框内摆满。测验的手续是分给两个受试者一人一套木板，要他们各用最高的速度共同将一个木框摆满，结果看谁摆的木板多些。每摆一块木板给一分。

（3）想象测验　本测验计分三部，简称为 $I_1 I_2 I_3$。

I_1 测验为白色卡片二十五张，每张上面各画有一种图形或颜色。它们是：红、紫、黄、蓝、绿、红心形、墨迹（似一老人头）白旗、短刀、剑、三叉矛、锤、斧、镰刀、剪刀、手杖、礼帽、天秤、十字架、鱼、集封、表、锚、钱币，和1。将这些卡片发给一个受试者，要他凭自己的想象将它编排成一个故事或一件事实，或一种含有意义的摆法，不能应用的卡片可以丢开。每应用卡片一张给一分。但在本测验中统一性、联接性和有意义三者必须注重的，斟酌这三者妥适的程度区分为三个等级，每个等级若干分数，附加于应用卡片分数总和之内，一并计算。

I_2 测验也同样为二十五张卡片，每张卡片上写有一个名词。测验的手续和记分跟 I_1 测验一样。卡片上所写的项目是：泉源、竖琴、纹章、桂冠、戒指、面纱、荣誉章、鸽、乌鸦、鹰、有翼之马、礼拜堂书、棕枝、火炬、铃、猪、链、缸、沙漏、花冠、百合花、笏、十字架、段落符号。

I_3 测验则为卡片十二张，每张上面画有抽象的有色的几何图形，原是就 Bobertag 的测验改编的。测验的手续和前述的一样，唯记分方面则每一卡片形色并用者给二分，单用形式者给一分。

（4）记忆测验　本测验也分三部，分别简称为 $R_1 R_2 R_3$

R_1 又分三套。每套卡片九张。每张卡片上画有大小，部位及颜色各不相同的圆圈三个。第一套的颜色只有红色一种，第二套为黄蓝两种颜色，第三套为黄、绿、蓝三色。每套中有二张卡片是相同的,测验时以其中的一张显示受试者,作为必须记忆的材料。R_2 分两套,各系将一正方形分割为若干个小而不规则的几何图形,并在图上加上颜色,一套为蓝色,另一套为红、绿、黄、黑四色,这些被分割的小片另用些小卡片做成若干张,且多做一些,测验时以图形显示受试者,在看过很短的一个时间以后;便要他们用散乱的卡片把它并合成原样的图形来。给分的标准依其难易而定。

R_3 则为 Welli 魔术图,在受试者看过一个短时间后,便要他们回答二十二个问题,每答对一题,给一分。

前面所述是领导品质测验内容的大概。这套测验所衡量的是创造性的能量。具有优良的创造性者思想反应迅速,临时准备工作的效率极大,敏于决断,组合力优良,且不受练习的影响。因为创造性和复忆的活动是居于相反的地位的,复忆的活动愈多,所费时间必愈长,反应自极迂缓。创造性有持续的和短暂的之分,这种区分乃由于意志力之为坚强或柔弱而定。意志力也可看成生活力,以是在创造性的测验中,也可间接推知生活力的强弱。

好胜心测验原就是一种竞赛测验。不过本测验中尚含有心智和劳作两种活动的因素。好胜心的强弱固须视对手如何而决定,而各个受试者本身之态度镇定与否,关系也颇重要。在竞赛的活动中,生活力之强弱每为决定最后胜负之条件。

想象活动里面包括了创造性的活动是无可置疑的。不过想象每每有人区分为创造的和再生的两种。前者系指发现新结果和新途径之能力,而后者则为过去经验的复忆。其实再生的想象并不能看作是创造性的表现；而且复忆的活动反而有抑制创造性活动的力量。以此我们所须衡量的系指创造的想象而不是再生的想象。在这项测验的过程中，受试者所表现的态度和反应时间当然都是必须考虑的。

记忆测验所衡量的是瞬间的记忆能量。这是一个领袖所必须具有的条件。这项测验是两人合作做的，在测验的进行中，好胜心的强弱也由此察见。

全套测验的相互相关系数都很低，这表示各个测验都有同时存在的必要。他们和勒氏内外向品质评定量表的相关除在 E_1 测验为负零点二以上，和在 E_2 测验为零点二以上外，余均不足零点一，这显示领导品质能量的优劣和内外向品质并无关系。至于各测验的在 $IV_1 IV_2 I_2 I3_2 E_2$ 均颇有可观。不过领袖品质的测量颇为困难，这种报告只能算是一种介绍，并不能作为定论。

综观上面所介绍的几种测验或者重于情绪之稳定的程度，或着重于道德的判断，或着重于意志的强度，或着重于各种能力的表现。其实这些测验的制作者仅只看到人格的一面。人格的研究应该从人类的全部活动去考察。固然我们不能否认任何个体所表现的行为——即使是极微细的行为，均有其特殊的形式，代表其特具的人格品质，然而能从各方面作综合的观察毕竟比较容易获得人格的全貌。以此不管是情绪、或是意志、或者是动作的表现皆在我们研究考察之列。客勒哲斯（Klagis）（注二十三）曾认为品性的构成有三个要素，一为个别的情感激动能量（C），一为个别的意志激动能量（W），一为个别的表现能量（E），C值的大小由情感之活泼的程度或低降的程度而决定：它可以是活泼的情感和中和的情感的比例，也可以是中和的情感和更低降一些的情感的比例。它原是相对而存在的。其次，W值乃为个体的内驱力和情绪的抑制力的比例。内驱力的大小和意志的强度有关，抑制情绪力量的大小和意志的强弱也有关，这是毋须多予解释的。最后谈到E值，它的价值的大小则视各种刺激的合力和抵制情绪表现的力量的比例而定。刺激的合力大，抑制情绪表现的力小，E值自大；相反的，刺激的合力小，而抑制情绪表现的力大，E值自小。人格的考察须从C、W，和E三方面的比值去决定，当然我们可以分析出客氏的理论似乎是以情绪作为中心的。

D. **实验的研究**

我们这里所谓实验的研究系指利用仪器的装置在控制的情境之下去研究人格的。人格型是个体的各种活动之综合的表现，我们没有这样复杂的仪器能够对个体的活动作综合的研究，以此只能就分析所得之一二种要素加以实验，借见一斑。目前值得介绍的实验约有一述诸种。

(a) 血压计实验　马斯登（W. M. Marston）曾应用血压计研究血压和欺骗的关系。血压的高低由于心脏的舒缩。这种状态影响到血压计，在一定的时距内便有一定的记录，此即所谓血压曲线的表示。一般的说，心脏的跳动平常是有规则的，血压曲线也很规律。在欺骗的时候，心脏的跳动便发生变化，随而血压便也有升高的情形表示。其所以升高的原因，据祁甫耳（Chappell）实验的结果，以为是兴奋所致。因为欺骗时，如不生兴奋，则血压便无升高的现象。血压计所记录的仅能表示被试者的态度,至欺骗的内容如何,当然是不能知道的。

（b）呼吸计实验　1914年白鲁西（Bennsst）曾发表说谎和呼吸比例的研究。据报告说谎前的平均呼吸比例较说谎后之平均呼吸比例为低。说实话者则反是。柏特（H. E. Burtt）的实验证实其说。

（c）心电测量计的测验　施刺激于受试者,激起其情绪,则可发现皮肤对于电流的抵抗减低,因而发生电位差,遂使心电测量计的指针的运动增大。按照所增加的数量,则可测定情绪兴奋的程度。至皮肤对于电流的抵抗减低的原因,乃由于汗腺的分泌活动发生变化所致。汗腺的分泌是由自主神经系统所管理的,当情绪发生时,汗腺的分泌旺盛,遂使皮肤对于电流的抵抗减少,因而测电计的指针遂主偏斜。魏斯特勒（D. Wechstcr）相信这种工具可以作为测量狂恋症和早衰病之用。

（d）黎奇（G. J. Rich）从生物化学方面分析成人和儿童的便溺和唾液。发现最少兴奋者,其便溺和唾液富于酸素;较具兴奋性者,其便溺和唾液倾向于中性或碱性。无强横性者,分泌最多之酸素,血液中也储有极多这酸素;较具强横性者则反是。

第五章　人格适应之机构

人是生存在竞争的社会环境之中，一般的说，各个人无时无刻不在争权求利对环境作种种的要求。可是人对于环境的要求是不一定能达到的。或者是个体本身的智慧能最有其先天的限制，或者是个人的体格方面有其缺点，或者是受了经济方面的束缚，或者是受了社会里面各种风俗、习惯、禁例和理想的拘束，或者是受了地理环境方面的限制，或者是本身有数种愿望的冲突，诸如此类，不一而足。个体的愿望或需要既不能满足，其心身系统方面便发生一种紧张状态，必待这种愿望获得满足以后，紧张状态方始消逝。前面说过，原来的愿望既不能获得适当的满足，于是只有从另一方面设法补救，以免终日苦恼。这些不当的适应方式，即所谓人格的适应的机构（Mechanism of Personality adjustment）。

根据各家研究的结果，比较普通的人格适应的机构约有下述几种：

A. 补偿机构（The compensatory mechanism）。阿德勒常

谓儿童在发现自己的权力不足以满足自己的欲望时，便开始寻求弥补的因素之活动，这正和大自然设法利用身体上构造的生长以弥补某一器官之损伤相同。有几个体在发现自己的缺点以后，其结果往往产生一种卑逊情综（Inferiority complex）而为构成男性反抗（Masculine protest）或争取权势之动力。这种趋势可说是在生活开始时即具有的。

补偿行为的方式有两种：一种为个体觉知自己的缺陷后力图在自觉低劣的特性上表示异常的能力；因为他不愿承认这种缺点是他永久组织中的一部分，故必须设法克服，力图战胜。这是一种积极的补偿方式。例如在团体里面发言不能流畅的人，遇有说话的机会每起立申辩，决不服输，积时既久，往往可以成功。例如希腊大雄辩家 Demosthenes 原有口吃的毛病，他为克服这种困难起见，乃含着一口石子对着海洋演讲，结果卒能成功，即属其例。又如贝多芬莫扎特和舒曼诸大音乐家据说原都是有病的，也可作为例证。另一种方式是自己承认自己有某种缺陷，于是便在其它方面养成种种特点以分散别人对于某种缺点的注意。例如身体短小的人，每好高愿阔步，盛气扬声，促使旁人注意。又如面貌生得丑陋的女子，每好奇装异服，诱人注目。考试前未准备充分的学生，在考试的时候捉笔速写，表示自己记得很多。跛足的学生每好为体育新闻的编辑；学科成绩拙劣的学生，其运动成绩或军训成绩每较他人为好；口吃的人，文笔极优；在办公室受了上司气的人，返家后好向妻子发脾气。这种种情形均属其例。这类人内心是承认自己的缺点的，可是他在表面上偏忽视这种缺点，而在另一方面持有威望，占取优势。这是一种消极的适应方式。可是消极中又带有积极的意味，比较纯粹的屈服当要好得多了。

补偿活动也可以看做是一种代替活动（Substitute activities）。代替的活动可以是坏的，也可以是好的。例如酒精、海洛因、吗啡及其它药品的嗜好都可以看做是坏的代替活动。至于比较良好的代替活动往往由想象的或内向的方面表现。在自己遭受了某种困难时，如往坏的方面想，他可以把自己比拟作一个"落难的英雄"（The suffering hero）。例如一个儿童在家庭里而所受的待遇不良。他每每设想自己被迫离家，加入匪团，愈变愈坏；或者悬想自己在离家以后，为大风浪或野兽所伤害，将至死亡；正当危急之际，他的父母、教师、哥哥、姐妹们甚至于全村的人们都来寻找他了，寻出以后，把他背负回家，对他作极周密的看护，同时发出赞叹和哀怜的言词，心中表示忏悔。在这个时候，他自己虽然想象自己是一个受难的英雄，而心中却感着异样的畅快。在另一方面他也可以把自己当做一个"得胜的英雄"（The conquering hero）——不管是在战场上，或在技击场中，或者是竞赛场里；是盗匪、是歌者，或者演讲比赛者都可以，他总站在优胜的地位，他能控制别人，为别人所赞扬，所羡慕，随而心中获得无比的轻松与愉快。上述的两种方式可统称为空中楼阁式的书梦的满足（Natiaficnlion by day dream）。伊索寓言所载送牛奶的女郎幻想的故事也属这一类。

自居作用（Identification）也是补偿机构里面很重要的一种方式。这种人常将自己同化于某一个人，某一个团体，某一组织，或某一种流行的主张，以求增高自己的声誉，掩没自己的缺点。例如年幼的儿童常将自己比拟作父亲,因为父亲乃是家庭中权力和学问的代表。大学的青年常将自己同化于学校中的某团体或某名教授,总以"我们"相称,因为这样,他便可以享受到他人所能获到的权利和荣誉而补偿自己的不足。此外,如女子喜欢电影明星的发饰;男孩常模仿其在大学读书的哥哥的语调、口语和服装;以及偷偷地戴眼镜、抽烟……皆属其类。还有许多人常常撒谎说某名人之言谈举止为如何,日常生活又如何如何,跟自己怎样有交情,其实也可看作是自居作用的表现。

补偿的活动有时也有由过分注意本身所具有的特征或所有物或嗜好而排斥其它的形式而表现的。一般言之,身材优美,容貌秀丽者每每形成一种独特的人格,或者具有一定的习惯模式,而且利用其特点以夸耀于同侪,随而获得某种利益,例如知识贫乏的主妇特别关心自己的各种家具,收拾得异常整洁,因是可以获得他人的赞美而弥补其具有的缺陷。它如邮票、钱币、古董、兵器等之搜集者,其搜集之目的往往在借此以获得他人之注意,因为人有了嗜好以后,对于所嗜好的东西自具专技,失败的感觉和不安全的冲突极易消失,同时他寻求社会声誉的欲望自也可获得满足。

B. 自卫机构(The defence mechanism)。大洋中的兵舰在探知敌机将来轰炸之前必先放出烟幕以资自卫。同样地人类在缺乏某种能力或有某种不可掩没的缺陷时,也总先设法掩饰以免被人发现,或遭受他人的批评。自卫行为之所以发生系由于困难的感觉或卑逊情感所迫使。普通的自卫方法有两种:一种

75

是对人常抱一种批评的态度。因为抱有这种态度以后，一方面既可表示本人对这种事件富有专精的知识；同时又可先发制人借可避免他人对自己的批评。例如自己文章做得不好的人，常常批评某某教师的教书技术太差，或者指摘别人所做文章的缺点所在。又如自己所就读的一个学校名誉不甚好的学生惯常说别的学校如何坏，而同时又辩解自己的学校里出了那些有名望的人皆属是。另一种自卫的方法是某类具有缺陷的人常常是兴高采烈的高谈阔论以转移他人对自己缺点的注意，而希望在另一方面获得别人的赞扬。又胆怯的孩子在幼童中格外显出矜夸的样子；身材矮小的人每每大声谈笑以遮盖其在体格上的缺点兼以吸引他人对自己辞令的注意悉可归入这一类。

自我批评也可看作是自卫的反应。批评自己原是希望他人赞扬自己，也即是希望他人不认自己有这种缺点，因而获得社会的声望。让逊即是自我批评的一种方式，其目的无非是希望获得别人的赞扬。

理由化（Rationalization）的适应也可以看做是自卫机构的一种方式。所谓理由化的意思是说某种行为的表现在一般人看来原是不合理的，可是表现这样行为的人偏偏想出许多理由把它说得合理而动听。原来某种行为的发生是受了某种动机或欲望的驱使的；可是他不愿别人知道他有这种动机，故设法隐瞒，故为曲解，使得他所表现的行为能够得到一个合理的解释。

在理由化的适应一个项目下可区分为四种情形：

（a）主要冲动之理由化　我们可以举例说明这种情形。有一个中年人突然购买一座极时髦而漂亮的汽车。被他的老叔叔看到了同时向他说："在我看来，一些家具和新的篱笆的置备，送子女入大学读书的教育基金的储蓄，对于你似乎较之于汽车的需要要迫切些。"可是他的侄子老早准备好了一套答词，他回答说："我的妻子的病痛很多，有了一辆汽车以后，可以不时的作周末旅行，这对于她似乎是很有益处的。再汽车对于一个经纪人似乎是不可缺少的东西。从另一方面说，我的孩子们在去年冬天常患伤风，因为他们是走湿地到学校去的，有了汽车以后我想可不至于再伤风了。"这些话回答得多么漂亮而合理。其实他买汽车的真正动机是什么？我们可以忖料；或者是别的邻人们有了汽车，在他看来，汽车乃是营商成功的标识；或者是坐了汽车可以满足自己自是的内驱（Fnge of self asacrtion）；或者是他看见他所买的一部汽车的广告，上面说使用这部车子的人乃是高等阶级的代表。诸如此类，不一而足。可是他在回答时却把真正的动机都隐瞒了。

又如一些学生在玩的时候常常说："我已经工作很久了，我应该得到休息，我必须时刻注意我自己的健康，以后继可以增加我的能量。在次日、他寻求种种身体上借游玩而得益的象征，以证实自己的说词。这两个例子对于主要冲动的曲解都是很适当的。"

（b）投射（Projection）。所谓投射是说将本人所有之缺点投射于他人或归咎于别的原因。例如酗酒的人每谓其祖先也好饮酒，其饮酒的嗜好乃为遗传所致。又如有严重的性欲的人，一有机会即讨论友朋间性的问题，俾使他人不注意到自己。（这同样的含有自卫作用）。又如学业成绩不良的通学生如非归过于

77

家中的工作太多以致无暇预备，即谓自己的座位在后，不能看见黑板，考试不及格的人或者说本人对某种学科不感兴趣，或者说老师太难，或教师评允欠公。这一类人在打网球的时候，如击球不着，每归咎于球拍的制作欠佳或网球的弹性太强。他们像这样的状词，其目的即在于透过于其他的事件而将下下的原因隐瞒。

（c）酸葡萄机构（The sour grapes mechanism）。《伊索寓言》载：有一只狡猾的狐狸，经过葡萄架下，为香甜的葡萄所吸引，心里很想吃它，可是想尽种种方法终得不着，结果废然的说，葡萄是酸的。这个故事可以比拟作一种行为机构——凡欲达到某种目的而不能达到时便否认这种目的所具有的价值。例如无能力求得职业的人常说"无业得享清闲，乃是幸福"。贫穷之人每谓钱为万恶之源。求爱失败则谓婚姻是恋爱的坟墓。受正式教育少的人常谓自修较入大学易于成功。以及俗话所说的"美女多不智""学习快的记忆力坏"等语皆属其类。

（d）甜柠檬机构（The sweet lemon mechanism）是另外的一种方式。狐狸既吃不着甜葡萄，以此只能吃酸葡萄，而且尚要说它是甜的。凡是不能达到欲达之目的而苟安于现状或者是敝帚自珍的行为皆可视为甜柠檬机构的表现。例如不能获得权威的人惯常说强暴是罪恶，软弱是美德。居茅屋的人常说屋小易致整洁且便看守皆属是。此外有一些人每好说自己家乡的东西都是好的，或者说我国古代遗传的文化皆系精粹的，都可看作是甜柠檬机构的作用。

从上面的叙述分析，我们可以看出所谓自卫机构和补偿机构是不能严格分开的。自卫的行为原带有补偿的作用，补偿的行为也未始不含有自卫的性质。例如不好看的女子每好巧为服饰，这原系作为不好看的一种补偿，也是怕别人说她不好看的一种防卫。又如和男性交往未成的女子有时变为大声顽皮的情形也是常碰到的。她的大声而顽皮的行为原是怕人说她害羞怕和异性交往的一种自卫；其实也可以说是因缺乏异性朋友之一种自足的补偿。从别一方面看，自居作用原是补偿机构里面很重要的一种方式，可是它也同样可以作为自卫的一种方式。例如年幼的儿童常常将自己和家里特有的大花园、漂亮的汽车、父亲伯叔的地位混同在一起，其目的即在防卫别人说他不是从高贵的家庭里面出身的子弟以致受人轻视。

C. 逃避机构（The evasion mechanism）。个体在情境中遇有困难或至不能就会现实的时候，往往发生逃避现实的行为。上次世界大战时曾发现一种所谓弹震病（Shell Shock）的。一般的情形是有些被征发上前线的兵士在奉到命令以后突然发生奇怪的病症，或者是手臂麻木，不能举动，或者是眼光失效不能见物；可是这种种情形经过详细的生理检验，皆不能寻出他们在机体上的任何缺点。这种病症无论如何治疗皆不能奏效；直到停战的协定签字公布以后始霍然告愈。这些事实表示这一类的患者所害的乃是心理病，他们的病因除怕死之外似乎再没有别的。捐躯疆场报效祖国是人民的天职，同时贪生怕死也是人类的天性。不服从国家的命令去当兵卫国不免有懦夫之谓，乃是很不名誉的事情，而战场之上枪弹无情、死生难卜也是意料中的恐惧。既要爱情名誉，又有死亡的恐惧，这两种意念在内心交战，冲突不已，随而发生一种情绪的震荡，因以致病。患病以后，不名誉的污点既不至于沾染，而又可博得他人的同情和照顾，当然是万全之策。

我国实行征兵制度以后，这类现象的发生自属意中事，不过我国对于新兵的待遇素极漠视，军队中并没有精神病医生或心理学顾问的设置，以此关于这一类的材料尚付阙如。（弹震病也有由于战场上极度强烈的刺激所引起的情绪所致的，这种情形自不能视为逃避机构之代表。）

此外，向幻想的境界中退避企图获得满足的也不乏其例。孤寂沉默的儿童每好阅读惊心动魄的故事，自拟作故事中的主人翁；功课不及格的学生常幻想自己成为运动家而鄙视学科的成绩；胆小不善交际的孩子则幻想自己是一个交际界的明星不属于和平凡庸俗的人交往。这种种由想象中求取满足的事实固然是一种逃避的行为，可是内中也含有补偿的意味，因为它们的性质和得胜英雄式或落难英雄式的性质是大致相仿的。

以上所述人格适应之三种机构，有的是积极的，有的是消极的，其目的皆在缓和欲望间的冲突而求得自以为是的满足。这三种机构中除逃避机构里而所述的弹震病是变态的象征外，余者皆可看作是常态的表现。因为补偿的活动和自卫的行为在一般人群中的应用很普遍，只要我们稍加注意是很容易发现的。抑且个体在发现缺点以后，即行设法补偿，在智力较高者每能促进智慧之生长，而为促使社会进步之源泉。而自卫的行为只要不是固步自封、抱残守缺，或隐恶讳疾，也并不能算是坏的办法。相反的，借自卫的行为而缓和情绪上的冲突和紧张，从心理卫生家的立场看到是有益之果。不过补偿的活动努力过甚，也能使情绪发生混乱而妨碍进步。且应用的次数过多则将成为习惯，之后则纯赖补偿活动以应付现实，甚且借逃避机构而远离现实，对于人格之发展殊多妨害。从另一方面看，补偿活动的表现和补偿者所具有的缺陷往往是处在相反的两个方向，甚而有时是一种不良好的代替活动，其结果是很坏的。

第六章　人格的统一和分裂

A. 人格的统一

在讨论人格的意义时，我们所谓人格一字的本义系指一个人真正的自我。又曾说到人格是个体的各种行为品质的组合体，但仍持有统一性。所谓自我和统一性皆表明人格的组织是有一个系统在贯串着的。因为有这种贯串的系统，所以个体所表现的行为能够有一种特具的模式，无论他和环境间交往的关系如何复杂，其本身的精神生活始终能够保持平衡。

个人的人格组织是统一的，这当然不成问题。我们再进一步问人格统一到怎样的程度呢？在传统的意见上，有一些人主张：行为的表现须依赖个人所处的特殊情形及他在这个情境中所受的特殊训练而定。这也就是说人格的发展是依所处的特殊情形而定的。各人所处的情境不同，故其人格也各有别。例如一个学生曾在图书馆里偷过一本书，这并不能表示他在钱庄里面一定也会偷钱，因为图书馆与钱庄的情形是根本不相同的。另一种主张认为我们对于各种情境的反应皆是由一个普通的机能所决定的，和特殊的情境并无关系。不过这两种主张在实验上都没有明显可靠的证据。

行为的统一是有一定的范围的。各人的行为虽各有其一贯性，然而并不是完全一贯。例如应用根据斯普兰格所区分的类型而编定的测验，在测量结果方面显示：无论是属于权力型、经济型、理论型、审美型、社会型或宗教型的人，他们对于所有各类问题的答复在态度方面总是一致的；即使将设想的情境作种种的改变，他们所表现的反应趋势也总是朝着一定的倾向。这就是说，各种类型的人对于各种事物的估值是有其一贯性的。从这点看，人格并不能看做许多不相关的特殊性质的组合；而相反的乃为一些有密切关系的机能的结合。不过，有机个体的思想活动太复杂，我们并没有办法确定一个把持整个人格的普遍因素，我们只能说我们有很多的普遍的行为型式。在各种行为表现的时候，彼此互为相关，互相影响，故能表现趋向一致的物质；虽然我们并不能说什么是控制有机体一切行动的中心因素。

有机个体在变化无穷的情境中之所以有一贯的行为的理由，何尔特（E. B. Holt）认为系由于交替控制（Cross-Conditioning）的历程所致。（注二十四）人们的一切活动历不受早年的习惯活动所控制，斯普兰格所谓的普遍的价值态度或者也可说是交替控制历程的结果。不过仅赖交替控制并不能产生一个统一的人格，因为这种作用仅能把个人所有的行为缩小至一定的活动范围之内，而人类的活动是要推展到广大的环境中去的，以此除交替控制的作用外，尚有推展反射的作用存在。例如一个偏狭的学术专家，他所注意的仅为他的范围以内的东西，除此以外，对于其他的事物悉予忽视。其原因乃在于这种人只有强烈的交替控制作用而缺乏推展反射作用。这一类人的人格是不能视为有真正的统一性的，因为他们的兴趣太专一，被排拒的东西太多。这些被排拒的东西对于他日常的生活和个人的健康很有影响，即于他所专门的范围的有时也具有颇为重要的关系。这种的人是将他对于实际情境的反应和他"整个的人"分了家的。他只能在环境中的某个小部分以内表现活动，既不合时宜，而且有时陷于危险的境界而不自觉。例如有一位实验的标本采集家或制作家，他的兴趣非常专注于他自己的工作，凡是和他的兴趣不发生显著关系的事项很少注意，而且在专心思索某项专题或做实验的时候，便很难体察到其他方面的事情，以此他可能在采集标本的时候而坠于万丈深渊，也可能在地下实验室专心实验的时候而葬身火窟。在另一方面，有充分的人格统一性的既有充分的交替控制作用使其本身具有自己的兴趣和特质，他也有很多的推展性的反应，使他对于日常生活中的事物具有丰富的知识。他能凭着自己的能力、态度和习惯去反应生活中的情境，把他的人格充分的在各方面表现出来。

总括的说，缺乏交替控制作用的人有最少的统一性，他的行为根本为他的直接情境所决定，纯粹是被动的。赋有交替的控制作用而比较缺乏推展反应的人，并没有真正的统一性，他的行为根本是受他自己所决定的，主动的成分大。赋有交替控制作用而同时也有均衡的推展反应的人始有真正的统一性，他的行为既为他自己所决定，同时也受其所处的情境底影响，主动的和被动的成分是相当的。

B 人格的分裂

以上是关于人格统一性的讨论。具有真正统一性的人也可以说具有真正的自我。人格的统一性既因人而不同，各人有各人所具的兴趣和行为活动，因是各人也有各人的自我。所谓自我原是由内省的观点去说明人格之统一性的。

前面说过人因为有行为的一贯性，故有统一的行为活动。但个人所表现的行为，并不是完全一贯的，所以人格也没有完全的统一性。因之，我们也不敢说一个人的自我是代表他所有一切的习惯态度的，而且在某种情形之下，我们还可以说一个人有几种自我。每一个自我之下都统治着一个系统，表现特具的形式。这种有几个自我统治的人格叫作分裂的人格（The dissociated personality），人格在极端分裂的时候，便称为癫狂。

人格的分裂有同时的和连续的之分，同时分裂的人格是说一个人可以同时表现两个习惯系统而各不相同。例如犯害思病（Hysteria）的人往往会自动写字的。他可以一方面和一个人谈话，一方面用书面答复另一个人的问题或听另一人在耳边细语而各不相涉，而且他的谈话和所写的答案都是有意义的。连续的分裂是说一个人平时表现的活动忽然终止了而继以另外的一种生活型态。在新人格统治下所做的一切事情对于以前的自我一点也不知道。同样的，在这个人格所表现的活动以后往往又继以另外的一种生活型态，或者是恢复原来的生活型态而又忘却刚才所表现的自我。如此相互交换，轮回出现。其所以交换轮回出现的原因乃由于各个人格系统中的自我各不相同，而且不相调和，故不能同时出现这种在生活上交互轮回表现的现象称为两种人格或多重人格（Double personality or multiple personality）。

多重人格不可和多边的自我（Many sided self）相混。所谓多边的自我乃是一个人在生活上所表现的种种型态。人因为受环境影响的关系，可以在一个环境中是仁慈的，而在另一个环境中则极残忍。可是这种人在生活方面的记忆并没有受扰乱，本能的和情绪的活动也依然保存，人格的综合作用并未破坏，抵不过在综合作用里面有某一种行为暂时的占有优势而已。至于多重人格则有两种以上的综合作用，在一个时期里面他对于过去的作为完全遗忘，对于环境中应具之常态的本能，情绪和决定的倾向等也缺乏。可是在另外一个时期内，凡在以前所忘记的又能回忆，前所缺乏的本能，情绪和决定的倾向等每复存在，而于适才所表现的种种反告遗忘。每一种人格状态有的在一天以内交换的表现数次；有的一种状态可以延长到好几个月始行更变。当改变发生时，在态度、动作和颜面上的表现都有明显的区别。上述的这些都可看做是多重人格的特点。

波林（Boring）等所编《心理学》一书的第十九章内会举有一个解释多重人格的例子，并引述如次，以常说明。

"雷娜丝（Mary Reynalds）的朋友们都知道她是一个胆小怕羞多愁善病的女子。一天，她忽然对她过去的一切的情形完全忘记了，甚至速写字读书都要重新学习。她的脾气变得勇敢活泼而好学。五周以后，她又恢复常态，而且对于中途所发生过的种种改变完全忘记。她每隔若干时期即调换一次人格状态，如此继续有十六年之久。最后她是在第二种状态中去世的。"

C. **精神病的原因**

精神病可分为机体的和机能的两种。以此产生精神病的原因也应分别予以探讨。所谓机体的精神病原是从所谓机体的观点（Organic view）去确定精神病的原因。根据这种观点，一切心理上的变态，皆可从机体的组织中寻求原因，神经质之损伤便属其一。神经的损伤可以由于细菌的传染。如大脑梅毒症、脑膜炎症、喉头炎、溃齿、慢性盲肠炎等对于精神病皆有深切之影响，在前二者乃为细菌直接侵入脑脊神经系统内，而后数者则其传染中心（Foci of infection）在于他处，细菌排泄毒液于血液中，借循环作用而侵入身体各部，神经系统当亦蒙受其害。

其次，毒质与精神病之发生亦有密切之关系。例如由酒精中毒而生之变态行为（这种患者在精神病院者有百分之八至百分之十），在将体内之毒质除去以后，则各种精神变态之现象即告消减。又如鸦片毒、尿毒对于精神生活之影响也为很显然的事实。

第三，内分泌之过分或不足对于行为之影响很大，例如甲状腺之分泌增加时，新陈代谢便急剧加速，其结果可使人由一百六十磅之体重降至一百一十磅，或可使人感觉敏锐、易动易怒、失眠并现极其疲乏之状即性行为也有失常之象。又如此种分泌不足，便将现皮肤干枯，毛发稀疏，骨骼停止生长，行动迟缓，缺乏情感等现象。"枯内庭"病（Cretinism）便是幼年时此种分泌不足所致。神经系统之发育自亦感受同样之影响。

第四，细胞营养之不足也为机体的精神病主要原因之一。例如早衰病患者每每贫血，如治以肝精（Liver extract）增加其脑细胞之营养，其行为便大有改善。又如玉蜀秉疹（Pellagrn）乃由于维太命之缺乏所致，患者每易于抑郁，然若以维太命 C 培补之，则其病自愈。

此外神经细胞数量之不足（固有的），老年大脑细胞组织之萎缩或退化，其结果每为低能或心智衰退之原因。而神经系统意外的遭受机械的伤害，亦可使人类之精神生活感受莫大之影响，例如脑瘤、头部受伤、大脑失血等皆属很显著的事例，不过精神生活所受之影响与细胞组织所有之伤害的分量以及遭受损伤之特殊的部位皆有特殊的关系。

最后尚可得而述者即温度之变化也为精神病之原因。例如患热病者之癫狂反应，中暑者之昏迷状态皆为过高的温度所予精神系统之影响。因在温度极高时，大脑的范型便发生障碍，其活动自失常态。相反地，在温度极低时，反应之表现也有变态的现象。

至于机能的精神病则系从所谓机能的观点（Functional view）去探究精神病所产生的原因。持这种观点的人固不反对神经系统受损伤时将影响其机能，然尤着重于有机体在不能完善的适应环境时所发生之不良的结果。这正如汽车之开驶，若不得其法则机件各部分不相适合，其结果机器之本身便将由以损伤。人格的分裂乃是机能的精神病最好的代表。解释机能的精神病的学说很多，并择要介绍如次。

（a）心力说（The theory of mental energy）

这种学说是法人常奈（P. Janet）所主张的。他认为人类的精神生活是由各种感觉所综合的。这种综合的力叫做心力，储蓄在外周感受刺激而产生有次序的特殊动作之趋向（Tendency）内。这种趋向有的是先天的，有的是习得的，其分量视动作的复杂性和重要性而定。在动作的趋向形成以后，此种综合之力便永远附着在内。精神生活的统一性由心力维持。心力如有所损，则各种感觉势将分裂，因是便成精神病。心力缺乏之原因不一。或由于情绪之过分激动，或由于精神之过分紧张，前者在心理作用上所居之等级低而其所需之心力则极多，后者在心理作用上所居之等级较高，以是其所需之心力当也较多。心力消耗过多，结果便成疲劳（Exhaustion）随而直接影响到综合作用的进行。综合作用失败，人格便告分裂。

常氏学说中尚有伤痕（Traumatic memories）一个概念，而且颇为着重。所谓伤痕系一种下意识的固结现象，乃为心力疲劳之结果，同时也可看作是心力疲劳之原因。人在应付困难的环境时，如力所不逮，自必劳而无功，心力当然浪费，结果乃为疲劳。心力既感疲劳，自无力更谋成功之道，于是只有重演失败的动作，心力当更见其疲劳，伤痕自亦日见其加深，精神病的程度更是积重难返了。

(b) 精神分析说（The Psycho-analytic theory）

这一学说是由佛洛特（S. Freud）所创立的。他假定人类的行为受性欲和自我（Sex and Ego）两种本能的支配。性欲本能的冲动力叫做"力必多"（libido）。"力必多"的发展须经过若干个阶段。一般说来，性生活的性质最初是很散漫的，因为许多部分本能（Partial instincts）皆有要求满足之趋势。不过有些本能始终只限定于一个对象，如征服本能好奇本能和窥视的冲动是；有的本能则依附于特殊的动情带（Erogenous zone）。就后者言，其功用当初并不属于两性，惟后来因原有的功用渐渐消灭，故对象也随而改变，而且以性的满足为愉快了。例如儿童口部所具有的本能在最初发展的对象为母亲的乳部，后来乃以自身上的某一部分代替即所谓"自淫"（Auto-erotic）者是，其后此种冲动又转向别的目标发展，或废弃自淫而代以自身以外之物，或以一个对象代替许多对象。惟一般而论，儿童最初的爱情对象是母亲，因为她和以前口部冲动的对象具有关系，但此种以母亲为爱情对象的行为为社会所不许，于是抑制作用乃由以产生。抑制作用既生，此种关于性的目标之愿望的满足，遂不得不与意识的范围脱离关系而潜伏于无意识的范围以内活动。所谓「伊的怕思情综」（Oedipus complex）即系选择性的目标而不能达到目的之结果。

无意识（Unconsciousness）和意识是相对待的。在佛氏的意思，意识是临时觉得到的心理活动，包括目前一切的知觉，乃为寻常可召回的记忆。无意识则是尚未回到意识界的记忆，举凡过去的记忆痕迹和现在未入意识阈的刺激皆包括在内。在无意识内又包括前意识（Imprecision-softness）和隐意识两部分，前者为已经知觉而现在不在记忆中的事实，但可出意志自由召回而复现于意识，后者则为被压抑的欲望。它固然同样的具有记忆的痕迹，但不易由意志自由召回。其原因是前意识和隐意识之间有一个稽查（Censor）存在。"稽查"的权力很大，凡他认为不能复现于意识界的，他总不让他通过而出现于意识。隐意识的观念如欲回到意识阈，前意识这道关口是必须经过的，否则它们只能留居在隐意识内活动，或者是戴起假面具来瞒蔽稽查而出现活动。

从另一方面说，性欲是依"快感原则"（Pleasure principle）而活动的，自我则循"现实原则"（Reality principle）而活动。这就是说性欲的发展必以获得快感为目标；自我在根本上虽也趋向于快乐。假如实际上快乐不可获得，即可捐弃快乐而忍受苦痛。俾求无悖于事实。申言之，前者可视为是唯乐的，后者则可视为是唯理的，二者处于相反的地位。这两种本能如能相互调协则精神生活便臻健全，倘如二者发生冲突，性欲本能因自我的压阻无法获得满足，于是只有退化（Regress）向婴儿时期寻求一产生满足的方法或对象，其结果便为精神病。换句话说，退化的趋势如不引起自我的反抗，则"力必多"自能获得满足，这种满足的方式虽是反常的，然而尚不至于发生精神病。倘自我坚强地反抗这种退化的趋势，则"力必多"不能与自我并立，只有退向于固定现象所在之隐意识中求其满足，并受稽查之控制，其结果自成精神病。（固定现象系婴儿性欲冲动停止发展之现象，或为遗传之倾向，或为儿童初期所养成之倾向。）

(c) 生活力说（Theory of Life Energy）

容恩（C. G. Jung）是本说之创始者。他认为"力必多"是生活力之总称，性欲冲动不过其中的一个要素。性欲虽然是"力必多"的一条出路，可是"力必多"表现的方向是可以任意支配的，并不受任何限制。

从发展上说"力必多"最初的功用是着重在营养和生长两方面的。稍长始略带有性的色彩。迄至长成，性的色彩始见浓厚。但是性欲仍只能算生活力中之一部，因为"力必多"是可以化成许许多多形式的。生命时刻向前进行，应付环境的生活力也时刻向外发泄。环境中如有困难，生活力便因而停顿。如困难可以克服便可继续向前宣泄；倘困难不能克服，则生活力只有向后侧流，因之便成为精神病。从这种观点看，精神病可说是生命的工作不成就时的结果，也可说是生命的工作遇有困难不能获得新的适应时之无可奈何的解决办法。从另一种意义说，儿童初期之性的意义与成人期者不同，盖为"力必多"之过渡现象，倘如"力必多"遇阻碍而停止发展，其结果便成为固结现象，惟身体之发育并不停止，是故情绪之态度为婴儿期，而身体之需要则为成人期，二者不相适合，是也为精神病之原因。

容恩也同样是看重于隐意识的概念。不过他的隐意识底范围较之佛洛德的要广些。在他看来，隐意识有个人的和集团的之分。前者为各个个体在生命史中所形成的包含的部分，有被遗忘的经验或寻常可召回的记忆（相当于佛洛得的前意识）；后者系得诸于遗传的，凡属人类皆可得而具，其内容包括性欲本能和营养本能以及各种原始印象（Primogenitor image）。所谓原始印象系人类祖先在原始时代所蓄积的，如各种神话和直觉先经验知识的能力皆属是。人生而具有各种思想原型（Archetypes of thought），故可不假经验而知道许多事物，此即原始印象的积累所致。科学的发明，艺术的创作，不仅是个人努力的结果，原始印象的为力实多。

各人的意识的内容和隐意识的内容皆不相同，故各有各的个性。意识生活的个性为人格（Persona），是由环境所造成的，乃自己可以觉到。旁人也可看见的性格。隐意识生活的个性为灵魂（Anima），即为无数亿万年遗传下来的印象，意识生活和隐意识生活的性质相反。唯其相反，所以才能互相弥补。在实际生活内所感着的缺陷在隐意识中便都弥补起来。前面说过，人类在遇着困难的环境不能克服的时候，生活力便倒流，倒流的目的乃是企图在隐意识内获得补偿。在容恩的意思，补偿的方法不仅为婴儿期性欲的满足，尚可以回到人类的野蛮期，以至于各种和性欲毫无关系的原始经验。这点是和佛氏的主张大不相同的。

(d) 个性心理说（The Theory of Individual Psychology）

根据阿德勒的意见，人生的一动一静都有一个目标。各人的目标在表面上虽属不同，而在骨子里都是一样。这个目标便是所谓争取优胜的目标（The goal of Superiority）。人类的行为全受在上意志（Will to be above）的驱谴，正如尼采所谓求权意志（Will to power）相同。因为有在上意志，所以不容有丝毫缺陷，否则心中必将发生卑逊情感（The feeling of inferiority），人为有了卑劣的感觉，若不自杀便将设法弥补，或力图振作以求胜人。引起卑逊情感的原因很多，就儿童言，或为器官之未成熟，或为自立能力之缺乏，成为服从他人之必要。有了这种情感以后，心理上乃表现极不安定之状态，因而必须与人竞争以期获取优胜。

概括的说，人们对于世界上的人物都有评价。这种评价是两极性的，例如上下、胜败、优劣和强弱等的比较皆是。因有这种比较，所以人总想向上求权以期胜过别人。儿童之所以想做成人，妇人之所以想做男子，故即在此。从这点看，我们可以知道人生最强烈的最易受环境挫折的且易为人所感触的不是佛洛特所说的性欲冲动，而是自是冲动，这种冲动既为万事成功的源泉，也是诸事失败的来源。

人有了缺陷以后，势必努力弥补，企图消灭卑逊感觉，争取优胜。这原是由所谓男性反抗（Masculine protest）所使然。但如外界的阻力太大，无法获得优胜时，个体是不愿甘受失败的，于是只有逃避到隐意识的范围内，不与人竞争，并预悬一事实上难以达到的"幻想的目标"（Fictions goal）作为不能达到的借口，借以解脱自己失败的责任。换言之，个体在遭遇着不可克服的困难时便于自己的能力和"幻想的目标"间创造出一个距离来，并假想一个世界做容身之所，作为不能达到优胜目标的遁辞，同时卑逊情感也可由以解除。这便是精神病的象征。

阿德勒所谓的意识和隐意识是并不分开的。例如由儿童时代养成之生活方式或卑逊情感，任何个体皆不甚知觉，原可称为隐意识的；但如对此种生活方式加以注意或努力争取权势，则变为意识的。意识和无意识二者联成一气具有共同的欲望和倾向，以是它们不能算作敌对的实体而是相互联合的动的集团。这种概念和佛容二氏的说法是大异其趣的。

(e) 并存意识说（The Theory of the Co-consciousness）

卜仑斯（M. Prince）是首先倡导这种学说的，兹将本学说的内容简单的说明如次。

记忆的历程含有登记、保存和复现三个阶段。人在接受印象或观念以后在生理上便有一种神经痕（Neurogram）被保留着，后来情境凑巧，神经痕接受刺激，原来的印象或观念便可复现。意识所察觉到的观念是如此，意识所不能察觉到的经验也是如此，不过前者受高级神经中枢的管辖，系意识的或活动的神经痕；而后者则受低级神经中枢（指脊椎神经）的管辖，在当时是无活动的。可称为无意识的或静性的神经痕。例如昨日我曾和某人争吵，设如回忆当时的经过情形，则复现于意识中的不仅为当时所意识到的情绪和观念，即当时未曾意识到的伴随情绪而起的生理变化（如血液循环和呼吸的变化）也可伴随复现的情绪而复现。

人类的精神活动包括意识的和潜意识的两大部分。潜意识（Subconsciousness）下又可分为并存意识（Co-consciousness）和无意识（Unconsciousness）。无意识内包括两种成分：一为会在意识中但当时并无活动而现在保留在神经痕的经验——是一种可复现的记忆。一为当时虽有活动但始终不入意识界而只保留于神经痕的经验——可看做是一种生理的记忆。总而言之，神经痕是一种生理的记录，有主意识的神经痕，有无意识的神经痕；而后者中又可分为静性的神经痕和纯粹是生理的神经痕。

主意识和潜意识之间有一种所谓意识缘（Fringe of consciousness）者存在，其中含有些微的意识，且有复忆的可能。意识缘和所谓"外带"（Outer Zone）之间是不能作严格的划分的，在外带之中的原素非人所能觉晓，只有在特殊的情形之下始能复忆，而且在复忆时觉得它在发生的时候是含有意识的，不过系在主意识以外而已。这种意识就是所谓并存意识。在心理冲突的情形下，它可以自成一系，在主意识之外另成一人格，并且有其自我之意识。它可与主意识同时感受刺激、同时回忆、同时读书、同时写字以及同时做其他的活动而毫不相涉。

一般的说，任何对象、符号或观念的意义（Meaning）皆借经验而得。所谓意义即系经验的络，独立的观念是决不能有意义的。意义是主观的，同一事物，你和我所有的意义不必相同。例如我们面对着一个热水瓶，你可有你的看法，我可有我的看法。因为我们过去的经验不一定相同。所以由联想所及的意义也不相同。因之，过去的经验可以看做是意义的背景或外缘（Setting），乃决定意义之重要的因素。此外好恶之倾向、情绪之激动以及固定观念等等也和意义有关。

过去的经验使某些观念发生意义时，并非全部复现于意识中，它只是隐隐约约地有些经验复现于记忆里，例如由"望梅"而思及"此渴"，不单是临时所感触到的形式被忽略过去，即以往对于梅所有的经验也很模糊。因为梅的观念只是"梅"所含意义的符号。以此，每顷刻的意识也即是全体经验的符号。每顷刻中某情境或某事物的意义只有小部分占据意识中心，其余的皆在意识缘。至何者在中心，何者在边缘，则视当时情境所引起的兴趣为转移。在边缘的意识有深浅浓淡之别，离中心愈远则意识愈稀薄，至边缘以外则为无意识。中心的意识是主意识，是有自觉的；边缘以外的意识是潜意识，是无自觉的。所有边缘意识和无意识皆包括在潜意识内。

外缘每保留在潜意识里面,且在其中活动,并能借符号而出现于意识界。所谓情操(Sentiment)或情综(Complex)即是它的根据。情操或情综为情绪和观念的混合物,其作用有的是意识的,有的是无意识的,全视情境之性质如何而定。二者皆表示一种组织紧密之范型,每有单独活动之可能。

情综既系观念的联络。联络的系统有三种:一为题目系统(Subject system)——乃为许多经验因题目相同而发生的联络;一为时代系统(Chronological system)——乃为属于某时期或某时代的记忆;一为性情系统(Mood system)——乃为各种经验由一共同的情绪态度而发生之联络。人格乃为此种种系统综合的结果。心理健全的人,各种系统综合在一处,并行不悖。在某些冲突的情形下。则各个系统因分裂作用的关系可将某一系统完全遗忘,随而人格也因此崩溃。换言之,常态的人因意识之综合力,并存意识附属在主意识之下,故不觉得它的存在。变态的人其并存意识因分裂作用的关系脱离主意识而独立。不过精神病患者也非完全。综合力的,在多重人格现象中,第一重人格和第二重人格本身都各有其系统,即其明证。

精神病患者致病之由在于情绪与兴趣之相互冲突或抑制。这就是说,在这一时间内如集中在这一个焦点,则在此焦点以外之事悉被抑制。例如发怒时,怒者之全力皆注在一个对象之上,其四周之现象,声音和身体器官之变化皆不能觉察。因为情绪愈强烈,意识范围便愈缩小,缩小到极点时只有一个观念占住意识,此即所谓"独存观念"(Monism)者是,本能是单纯的冲动，很少完全被抑制，否则即不能借观念而保留神经痕；情操常被抑制，但附丽于情操之情绪则仍依附于情操所包含之观念而潜在于神经痕，在施抑制者失势时即可随观念之复现而复现。因是两重人格式多重人格乃为情操分裂之结果，也即为并存意识由主意识分裂之结果。

关于精神病现象之解释尚可得而述者。计有行为主义者之意见，他们认为一切精神病都是制约反应之结果。又何林华士（Withholding）采用韩米尔敦（W. Hamilton）的意见以「过去的复杂观念团因部分的出现而恢复」一概念为解释精神病的依据，并就反应发生之难易和对于情境之领悟作为区分常态的和变态的行为活动之各种精神张本。至于麦独孤（W. Med-conga）则以本能的迫力（home）说明精神病。他认为每种本能当趋向于最高度的发展，在顺利的情形下，一种本能可以有过度的发展，且成为全部体系之精力的出路。各种趋向必须互相竞争，互相约束，而后体系方能得到平衡。若某种倾向之天然的势力过强或其发展过度以致难于约束，则此互相制遏的过程必因此而增加其强烈的程度，于是所谓内部的冲突必随以发生，其结果即成精神病。换言之，一切互相竞争的趋向皆为有目的的趋向，如彼此间不能维持平衡，则必产生冲突而成为变态的现象。抑且各种趋向的冲突即为目的的冲突，或各种目标相反的冲动的冲突。所以一切机能的神经病皆为目的之表现，不过有些目的暧昧不明非患者本人所能认识而已。

总括以上诸说，我们可以约略的区分为三类：一类学说是注重心理的组织。如心力说中所谓心力综合与分裂的现象；并存意识说中所谓各种意识之组织，其目的皆在解释精神生活是如何构成的。一类学说着重于心理的冲动。如精神分析说和生活力说中之"力必多"，个性心理说中之优胜目标，以及麦独孤的本能等，皆为所假定之基本的冲动。还有一类学说则侧重于心理的过程，如行为主义派所谓之制约过程，何林华士之过去的经验团因部分的出现而重现等之假定皆是。其实心理的组织，心理的冲动和心理的过程三者对于精神病的构成皆极重要，以上各说的倡导者似乎只看到精神病构成的一方面而忽略其全貌，这是他们的共同缺点。

至于各说特有的缺点可得而述者大略如次。

（a）心力说的缺点第一在将人类的精神生活看作是各种感觉的综合，未免富有构造派的色彩。其次，常奈认为人格之分裂系由于心力之缺乏，这种假定与理论和事实皆不相符。在理论上说，如人格已分裂，则各种独立的系统便不能存在，但实际则反是。此即证明综合之力并未丧失。再从事实上看，各种系统之分裂实因其性质上发生冲突所致；在另一方面，我们当可推想各种系统之形成乃由于其内部的分子在性质上之一致所使然。由此观之，精神生活之统一和分裂和心力之有无并无关系。

（b）精神分析派认为一切精神上之冲突皆发生于自我和性欲二者之冲突，未免将人类的冲动看得过于简单。其实人类天然的趋向甚多，即由学习得来的趋向亦至伙，这些趋向皆有发生冲突之可能，并非如佛洛特所假定的那样简单。其次佛氏所用的名词未免过于神秘。例如稽查之职务在阻止一切与自我冲突之趋向出现于意识，可视为一切相反的趋向，实在用不着加上这样一个神秘的名称。再佛氏以为性欲是一切行为的原动力，这种理论既与事实不符，而含义也极荒谬。

（c）生活说的倡论者视"力必多"为一种广义的生活力，并着重集团的隐意识和心理原型，打破佛氏偏狭的性欲主义，实在是一种有力的贡献。不过他也有几个不能自圆其说的缺点。（1）生活力之性质既不固定，其表现的方向又可任意支配，则冲突现象必无发生之可能。（2）容氏以目前的困难为产生精神病的原因，但此种困难系如何产生，颇难决定。因为困难之原因非可全由外界情境发现，感觉困难者本身之能力和过去的生活实占有同样重要的成分。（3）集团的隐意识中所包含之本能和思想原型颇有些说不通的地方。就前者说，其未发动的不能说是隐意识，其已发动的只能说是意识，其已发动而被压抑的只能说是个人的隐意识。就后者言，什么是祖宗所遗传的，什么是个人所活儿的极难分辨。抑且种族的记忆谓之为脑中所含生理的记录或神经痕则可，似不必一定要说它是心理原型。至习得性的遗传在生物学上尚是未曾解决的问题，当不能据为定论。

（d）个性心理说以卑逊情感和优胜目标两个概念作为说明人类行为活动的根据，确实含有至理，不过人类现象是很复杂的，阿德勒的主张和佛洛特一样未免将事实看得过于简单。再麦独孤曾谓人生来便有自尊和服从两种本能，前者为积极的自我情感，后者则为消极的自我情感，二者对于人格的发展居于同等重要之地位。可是阿德勒只看到积极的一面，未免偏而不全。再在临床方面常常发现许多美丽动人的女子具有精神病的症候，相反的，许多丑陋残弱的人，却每能度安稳常态的生活，这表明器官的缺陷和精神病并不一定具有必然的关系。佛洛特曾讥笑阿德勒自己是一个矮子，因为妒忌先生独享盛名，故发为斯论，原是以己之心度人之腹。这种批评虽有可取，却未免有失学者的风度了。

（e）并存意识说的中心概念和心力说一样系以分裂作用作为说明精神病的根据；其较心力说不同的就是在分裂作用外另加上一个并存意识。以此上述有关于心力说的批评也可作为它的批评。再者，本说中所谓情操和情综，常态心理现象之抑制和变态心理现象之冲突等名词的解释都缺乏明确的含义，也是一个缺点。

其余诸说在精神病学方面的重要性较次，其批评姑从略。

D. **精神病的预防和治疗**

精神病就是心理的疾病。在未有病征之前须要设法防止疾病之产生；既有疾病之后，则须设法加以疗治。本节之目的在对于这两方面作一个简单的介绍。

（a）心理卫生（Mental hygiene）

精神病最好的预防方法就是心理卫生的讲求。不过心理卫生的意义除注重心理疾病的防止外，尚有积极增加个人适应社会环境的能力和保持心理健康之意。它原是可以看作保持精神健康之科学和艺术的。（注二十五）

心理卫生这个名词初见于 1903 年胡里尔（A. Forel）教授所著 *Hygiene of Nerves and Mind in Health and Disease* 一书。

1906年英国克劳斯登（T. S. Clonston）博士始正式用做书名。正式的心理卫生运动起源于1909年即美国全国心理卫生委员会成立之年，提倡者为美人比尔斯（Clifford W. Beers），大心理学家詹姆斯和迈尔（Adolf Myer）皆为其赞助人。比氏所著 *A mind bat found Itself* 系一部重要的文献，对于心理卫生之宣传极著成效。1930年世界各先进国家曾派代表在美国华盛顿举行第一次国际心理卫生大会，第二次大会则系于1936年在巴黎举行。我国心理卫生协会系在1924年成立，由吴南轩先生主其事，惜乎具体的表现极少。

关于心理卫生的原则，各心理学家列举的甚多。西蒙斯（R. M. Symonds）在所著 *Mental Hygiene of the School Child* 一书内所建议的颇为切实具体，兹特介绍如次。

一、发展良好心理卫生之普遍原则

1. 良好的心理卫生习惯须在年幼时开始养成。
2. 在良好习惯的环境中养成之习惯始为真正良好的习惯。
3. 良好的身体对于心理的健康极关重要。
4. 儿童逐渐长大，即须渐渐增加指导其自身生活之能力。
5. 教师和父母本身须先有良好的适应。

二、积极的习惯之养成

1. 儿童应该学习良好之个人的和社会的习惯。
2. 儿童应知能做出有价值的事情能引人注意。
3. 在做事成功以后，须有满足的心情。

4. 须能单独尝试做事，不可惧怕。

5. 应该欢喜尝试新的事物。

6. 应该抱着热忱，兴趣和自信去应付情境，而且不可有激动、惧怕、畏缩和忧虑的倾向。

7. 应该接受有权威的事实，不必询问其理由。

8. 须了解别人所做事情之理由。

9. 对真、美、善三者应有灵敏的感觉。

10. 须为工作本身的价值而工作。

11. 应该拒绝习俗的标准而接受理智的标准。

12. 须客观地观察自己，并接收四围事物之表面价值。

13. 应该应付现实，接受现实并根据现实而行。

14. 须承认自己的误解，错误和过失。

15. 应学习指明过失的责任。

16. 应帮助他人。

17. 就准时工作。

18. 应有一种幽默的意识。

19. 应该和他人一同工作和游戏。

20. 应该能够单独地一个人工作和游戏。

21. 应该能够欢乐而热忱地做单调的工作。

22. 应耐性追求进步。

23. 在得到相当的成就后就知足。

三、消极的习惯之避免

1. 避免罪恶的或羞耻的意识。

2. 当处逆境时不要希望有代替的东西。

3. 不要因失败或失望而烦恼。

4. 避免过度地幻想。

5. 不要强烈地依恋任何一个人。

6. 不要渴望任何激动的事项。

7. 不必常常跟别人相比，而须将自己前后所做的工作比较其进步。

8. 不要过于忍受痛苦，应能克服困难。

四、父母和教师应做的工作和应有之态度

1. 在儿童不做好事情的时候不去注意他。

2. 努力引起儿童做正当事情时之得意的感觉。

3. 给予儿童以自动做事的自由。

4. 在处理儿童的时候，应当避免情感用事。

5. 使儿童能够了解他自己所做事情之理由。

6. 切勿暗示儿童以为你希望他做不正当的事情。

7. 不易学习的事情，应使儿童逐渐学习之。

8. 评判儿童的标准不要过高。

9. 应指导儿童养成好习惯以代替坏习惯。

10. 不要为了想养成一个好习惯，而多养成些不良的习惯。

11. 不要多说，多辩，或施以诱言或怨言。

12. 已显著的才能应予发展。

13. 让儿童的兴趣去决定活动。

14. 在讨论某一个人一点的时候，切勿忘记了他的全部。

15. 毋使儿童过于依赖你。
16. 功课应简单且易于了解,俾使儿童能按时做毕。
17. 不要利用班内的儿童供给个人的需要。
18. 在必要时应根本改变环境。
19. 勿因免致人受苦便不诚实。
20. 勿接受草率而不整洁的作业。
21. 不应向儿童过分的表示同情。
22. 不要说"太坏""事情弄糟了"等语。
23. 帮助儿童分析他自己的情境。
24. 在做例行工作或厌烦的工作时,须保持愉快而热忱的态度。

以上所述不过是一个纲要,其实每一句话里面都需要详细的解释,总而言之,心理卫生的习惯须从早养成,尤须特别着重培养积极的习惯。心理卫生之实施应力求普遍。倘若家庭和学校两方面对于儿童的心理健康皆能切实注意,则一切皆能防患于未然,心理疾病自有清除之一日。

(b) 精神病之治疗

关于精神病的治疗,精神病学家研究者至多,兹将比较通常应用者介绍如次。

一、生理的与药物的治疗

1. 休养 任何病症,皆须休养,因为休养可以汲取自然的储力而使之润泽病者的心身。换言之,休养之价值能使自然发生作用,保留精力,抵抗疾病。在休养期间,肌肉活动所需之燃料可以保储，疲劳之现象自较难产生。不过有些精神病须迁移环境始可望疗治的。有些精神病，如过分予以休养之机会反致苦痛。例如患精神衰弱者，倘饱食终日，无所用心，则其苦痛较病时尤甚；以此休养法之应用须视病症的性质而定。

2. 药物治疗　有些精神病是可以借药物之应用而发生很大的效果的。例如吗啡有抑制大脑全部活动之功用。在应用的分量适当时随意之活动完全停止，呼吸速度降低，随而沉沉睡去，所有一切的痛苦全不知觉，功用甚著。又如催眠药（hypnotics）对于中枢神经系统也能发生抑制的作用，在需要由安眠而治疗之精神病用之也很适宜。不过这种药料对于疼痛之感觉是不发生影响的，抑且应用的次数过多，很容易上瘾，应予注意。又溴剂（Bromides）对于大脑之活动有镇定的功用，在癫痫病（Epileptic psychosis）中用之最为有效；但应用过久则有中毒的危险，故应特别慎重。

此外有些无管腺素的提炼液注射的病人体中产生显著的效果，例如副甲状腺之于癫痫病，脑下腺前叶之于神经衰弱病（Neurnsthenin），甲状腺素之于"枯内庭病"（Cretins）皆属显例。

3. 生物学的治疗　这种方法是应用血清、菌毒（Vaccines）及其他含有微菌的产生注入机体的血液内，使其在细胞组织方面发生显著的作用。例如最近关于全体癫痫病（Genernl pnralysis）之治疗每以虐原虫注射到病者的血液中，使之产生虐疾。因为患者之体温增高至相当之程度而且维持一相当久之时间后，全体瘫痪病的细菌皆将死灭。而虐原虫则可于瘫痪治疗以后用

"奎宁"扑灭之。

4. 浴、热、冷光治疗法　浴法有强身、排泄、安神刺激等等功用，其为效视水之温度、应用之时间以及喷射的力量而定。一般说来，热气浴或电箱浴对于"中毒的精神病"（Toxic psychosis）功用最著。行热气浴时，患者除头部外，全身皆在箱中，箱中之温度可促使其发汗，因而致愈。水疗法（Hydrotherapy）则治疗激动的精神病最有效，尤以用湿包法为宜。所谓"湿包法"系以在冷水中浸湿之布扭干以后包围患者之身体，并覆以干毯，同时制止其手足之活动，俾使镇定。又"连续浴"对于狂病之治疗颇收效果。施行这种方法时患者浸于浴盆中经数小时或数日之久，水上温度控制在华氏九十五度至九十七度，可使安神。应用紫外线有时也可治疗一些病症，不过它对于激动的抑郁病、重狂及癫痫都是有害的，应用之时宜特别慎重。

5. 按摩法　按摩的功用可以促进血液的循环以及肌肉和皮肤之生长，在脊髓疗（Tabesdorsalis）婴儿瘫痪病（Infantile paralysis）及其他由传染所致之瘫痪病皆应常施按摩以防患肌肉之收缩。害思病和神经衰弱病二者，利用按摩去收效亦著。

6. 工作治疗法　使精神病患者从事各种工作俾其在劳动的工作中遗忘以往所感觉的种种困难，同时借所做容易的工作而获得成功从而恢复信心，对于疾病之治疗很有帮助。

二、心理的治疗

精神病的治疗首须探究其发生之原因，对症处方，始易见效。一般言之，人在遇着困难而不能解决时便作一种态度的适应，其情节轻者多离开社会环境，逃避现实的压迫，不见不闻以求解脱；也有凭借书梦而寻求满足的。其情形比较严重的便假装疾病以求规避，并作种种不适当的补偿（Poor compensation），企图自我与其他欲望间之冲突可以调协，因而获得满足。到极严重的时候，便努力压抑不愉快的事项使不复现于意识，随而人格统一的均势失去，于是便成为精神病。

精神病之心理的治疗法在唤醒患者之已遗忘了的记忆，从而予以种种鼓励增强其自信心，逐渐地使其已分裂的人格复归于统一，而再度常态的生活。精神病治疗学家常用的方法计有下述诸种。

1. 暗示（Suggestion） 所谓暗示即指一个人毫不迟疑地接受一种观念或行动的计划之谓。暗示有他暗示和自暗示之分，就前者言，个人所接受的暗示系由另一人所施予。暗示的效果视施暗示者之威望（Prestige）及受暗示者之暗示感受性而定（Suggestibility）。施暗示者之威望如不为受暗示者所信仰，则暗示的效力必低；同样的，如果受暗示者之暗示感受性小，暗示的效力也必甚少。当暗示的效果极显著时，反应的范围便缩得很小。催眠术便是以暗示为基础而发展成功的一种技术。

自暗示（Auto-suggestion） 乃为人自己由某种境遇中获得暗示或自己向自己暗示某种观念之过程。库里（E. Coue）和波多因（Bandonin）是主张以自暗示作为治疗精神病之方法的。在他们看来在治疗的过程中暗示有两个要素，一为施诊者暗示某个观念于受诊者，一为这个观念在潜意识中实现于动作。暗示的要点即在使观念变成动作。自暗示即是自己向自己暗示一种观念而使之实现于动作。就日常生活中的情形而言，例如有一块狭窄的木板，平置于地上，我们可以在其上自由来往，丝毫不感着困难，同样用这块木板悬空架置在一条深渊的两岸，如要我们在上面行走，必极感困难。其原因便是我们自己向自己暗示着"危险呀，不可在上面行走呀！"所致。这种暗示或称为天然的暗示。除天然的暗示外，尚有一种所谓反省的暗示，即有意要向自己暗示某种观念使之实现于动作。这一种暗示对于精神病的治疗极有助益。

自暗示的秘诀在停顿意志，专任想象。例如失眠的人心里想着而且口里默念我要睡得好，我努力不听四围的声音。我要努力将一切的念头丢开。但结果是很少能达到睡眠的目的的。因为这样想着，反有一种逆转的效果（Reversed effect）阻止成眠。倘如心中想象睡眠时候肢体如何轻松，头脑如何昏迷，必可很快的昏然入睡。

关于自暗示治病的例子是很有趣味的。相传从前一个患气喘病的人旅行到乡间，晚间停宿在一个旅舍里。半夜，喘疾忽发，乃急从床上爬起，暗中摸索到窗户，仓促间窗户不得开，乃将窗上的玻璃打破，呼吸新鲜空气。半响，觉得好了些，乃复摸索到床上，酣然入睡。翌晨，起来一看，窗户上的玻璃仍旧是好好的，可是墙上的挂钟却打破了。原来他仓促间把钟上的玻璃当作是窗上的玻璃，以为所呼吸的是新鲜空气，喘疾随以治愈。这原是自暗示的结果。

库里是极相信自暗示的，他曾说有病的人在每天早起的时候，如果对自己说："一天又一天，在各方面看来，我觉得又要好些了。"久而久之，必可收得相当的效果。这种说法虽未免有些夸张，可是自信心对于病者的重要是决不能忽视的。

2. 催眠术（Hypnotism） 催眠是一种最接受暗示的状态或消极的注意集中之状态。在催眠状态中，受催眠者除对施术的人醒悟外，对其他一切的刺激概不反应。他的意识范围缩小到某一点而且极为强烈。催眠的方法很多。在浪西派（Nancy School）的手续是先令受催眠的人躺在一张安乐椅上，使其四肢的肌肉舒畅，随即叫他凝想一件极平淡的事件，或者要他注视一件小的东西（通常是一颗珠子或一根木棒），约须经过数分钟，例如说："你觉得肢体很困乏了，你的眼皮很沉重了，你在打盹了，你的眼睛已看不见东西了……"诸如此类的话。受催眠者接受暗示以后便合眼入睡。必要时，施术者并可做姿势促其入睡，如定睛注视其目，或以手在其额上作往复按摩的姿势皆易生效。抑且此种姿势尚有维持施术者和受术者两方面"热波"（rapport）关系的功用。因有此种关系存在，受术者可不致完全入睡。

在催眠的过程中，巴黎派的夏柯（Charcot）认为有三种特征。即昏迷状态（Lethargic state）、癫痫状态（Cataleptic state）和睡行状态（Somnambulistic state）。在第一种状态中，受术者的肌肉呈异常倦怠之状，此乃由于肌肉过度的感动性所致。至第二种状态，受术者的皮肤或觉逐渐失其作用，虽用针刺也不感着痛苦。迄第三种状态，受术者的暗示感受性异常敏锐，对于施术者所发的命令不问曲直真假，无不遵从，惟在醒转以后则完全忘记。但如施术者所发的命令是叫他在醒转以后做某项事情,则受术者在醒后决不会忘记,必待遵行而后已。例如在催眠的状态中施术者说:"我把手放在口袋里面九次的时候,你就将窗子打开。"说过这句话以后即将受术者唤醒,不在意的和他谈话,并且不时以手插入袋内,到第九次的时候,受术者必将趋向窗前打开窗户。这种情形叫做后催眠的暗示(Post hypnotic suggestion)。此外尚有一种很奇怪的现象就是凡被催眠者在清醒时所不能接受之观念或和道德相冲突的观念,如命令其执行,必遭拒绝。

催眠状态中的记忆较醒时为清楚,醒时所忘记的事情在催眠状态中皆可以忆起。催眠状态有浅眠和深眠区别。前者系一种半醒半眠的状态,暗示的语句有时须重复至十数遍如生效力;醒转以后对催眠中的经过有时可能忆起一部分。后者则为全催眠状态,醒转以后对催眠中的经过有时可以忆起一部分。后者则为全催眠状态,醒转以后对催眠中的完全遗忘,此即所谓催眠后遗忘(Post hypnotic amnesia)者是。但在第二次催眠时对于第一次催眠的经过仍能忆起。或为在前后两次催眠中,其意识是相互连串的,而跟醒时的意识则系分裂的,因有这种原因故产生上述的现象。

催眠对于精神病治疗的功效最显明的有两点:第一为发掘被遗忘了的悲痛的经验使不再在潜意识里面作祟。其次为利用后催眠暗示使痊愈之观念在催眠中即印入病人心理并且在醒了以后仍继续生效。例如血液循环的快慢是可以因暗示而变更的,同一区域内的皮肤受冷热不同之暗示以后,可能产生华氏表十度以上的差别,甚而可使完全无病的皮肤发生疮疖。

解释催眠的学说，派别很多，其最著名者有下述五种。

（1）巴黎派　夏柯是这派的领袖。在他看来催眠状态乃是一种精神病征，以此催眠状态中所须经过的三个阶段各有其特殊的生理变化。只有患精神病者才可以受催眠。催眠状态之发生乃施用手术的结果。

（2）浪西派　白莱德（J. Braid）、柏海曼（H. Berheim）二人是这派的主持人。他们以为催眠全为暗示的结果。白氏常谓催眠状态之成功乃由于过度的注意所致，因过度注意时，心力集中于某一个观念，以此该观念乃能直接实现于动作。柏海曼则以念动活动（Ideo-motoractivity）和独存观念（Monoideism）两个概念作为解释催眠现象的因素。所谓念动活动为由知觉的冲动力直接变为运动的冲动力所发生的动作，是一种自动机械似的反射动作。借暗示作用将旁人所暗示的观念接受过来并实现于动作。凡不能实现于动作的观念乃由于心中同时有许多观念互相冲突相互抑制所致。催眠之目的便在借暗示的观念以排除其他一切的观念而使独存观念发生效用。因为在催眠状态中精神皆倦。意识失其作用，暗示的观念将整个的心灵占住，故冲动力可直接注入运动神经而发生反射的动作。

（3）常奈曾受业于夏柯，以此他也附和巴黎派的意见认为可受催眠者乃为精神病之象征。不过他同时也倚重浪西派的念动活动的概念。他认为健全的人，其动作发于意志，而且曾经过反省的作用，故不易受冲动的支配。凡轻易受冲动的人，其心力缺乏。综合力薄弱，故人格易致分裂。人格分裂以后，某种冲动力便可直接现于行为。不受自我的控制。催眠之目的在使某种观念脱离人格而独立。本念动活动的原则发为自动机械式的动作。申言之，催眠不过是人造的睡行症罢了。

（4）佛洛特虽也是夏柯的学生，可是他的解释和夏柯完全两样。他认为催眠现象也是性欲的表现。受催眠的人把隐意识里面对于母亲的性爱转到施术者的身上，以是对其所暗示的观念绝对服从。这种服从性可说是人类所特具的。其原因是在原始时代，各部落的酋长操有无上的夫权，对于本部落之妇女皆据为己有。不让其他男子接近。因之其部下的男子只有压抑性欲，将"力必多"转注于敬爱酋长身上。日积月累，这种服从性遂成为人类的第二天性。受催眠者对于施催眠者就是持有这种态度。

（5）麦独孤从神经学的见地去解释催眠的现象。他以为吾人所以能醒着的原因系由于脑力健旺与脑力传达迅速所致。脑力之来源有二：其一为感觉神经受刺激后其潜力因起化学作用而发散；其二即为本能。本能在神经上有遗传的神经弧联络，其冲动传导最易，故神经弧之潜力每随运动而发散。平时感官接受刺激，本能也在活脑，动力不断产生。故能醒着。在另一方面说，神经原与神经原间之联络为触处（Synapae），它对于神经冲动之通过有一种阻力。平时神经活动不过度。由化学作用产生之废物不致凝积，触处不受毒质的影响。以是脑力之传导不生抵抗作用。此为吾人之所以能够醒着之另一原因。

倘感官所感受之刺激少，容易兴起情绪之思念停顿，则感觉神经的潜力和本能的潜力皆蓄积不散。同时触处又因疲倦的关系而增加抵抗力。于是便产生睡眠。这种睡眠是天然的睡眠。

催眠乃是人工的睡眠，其条件和天然的睡眠一样。第一忌脑力健旺。故须使感官只受最低限度之刺激，并极力不想触动情绪之事情。其次忌脑力传达迅速，故须将注意集中于单独的刺激使触处抵抗力增加。在睡眠中，因触处失去作用，各部分毫无联络。故意识呈分裂作用。在催眠中的情形稍微不同。受催眠者除对施术者一人而外对于其他的一切都是睡着的，以此施术者始能施行按摩及其他手术。在神经方面只有一条通路开放着，所有脑力也都集中在这一条路上——对催眠者注意，故脑力特别旺盛，动作也特别灵活。抑且意识作用既经分裂。示的观念不受任何观念的批评和抑制，以此极易实现于动作。

以上各种解释催眠的学说。所持的观点各不相同，固各能言之成理，惟可予批评之处似也不少。例如夏柯之说系以深眠现象为根据，其实浅眠现象所在皆见，不能否认，不过夏氏所说催眠现象必须经过之三个阶段在浅眠现象中则不必具有罢了。再可受催眠的人夏柯以为必须是具有精神病倾向的人，这点也未必然。其实除非力持反抗催眠态度的人以外，似乎皆可受催眠。夏柯之所以有这种理论，或者是因为他所接触的多半是精神病人所致。

再就常奈的主张说。他以为催眠是人造的睡行症。而忽视日常暗示之重要性，这无异蹈巴黎派的覆辙。在另一方面，他采纳念动活动和独存观念的神味解释受催眠者和施术者的关系，这无异又是浪西派声虫。

佛洛特的说法脱不了泛性欲说的范围。他的基本概念应受非难，前面已经说过。即就催眠说而言，依其主张可受催眠暗示者似应限于男子，但是从事实上考察，女子接受催眠的暗示反较男子为易。这一种假说之不可靠性于此可见。

麦独孤从人之所以醒和所以睡的原因上比较说明催眠的特征，尤其是借生理的作用作为解释的根据。这是很可取的，不过所谓"脑力"一词似乎没有确切的科学的界说，尤其借本能作为脑力的来源之一，更为现代的心理学界所不取。

3. 心理分析法（Psycho-analytic method）用催眠术治疗精神病往往将患者隐秘的事情加以粉饰，借暗示的观念抵抗症候的发展，实在只是求姑息的办法。由催眠治疗精神病，患者只知接受施术者的暗示，本身没有一点活动的改变的可能，因之症候形成的历程也丝毫没有变动，在这种情形之下，如有适当的诱因，则精神病将复发以后，治疗更难，佛洛特有见及此，因是乃另创心理分析法，企图对于精神病能作彻底的治疗。

心理分析学派认为平日的意识历程实受过去记忆的影响，不过有些事项是为精神病患者所不自觉的。这种被遗忘了的记忆对于病态的观念或情绪的激动有极密切的关系，实为精神病的原因。心理分析的目的在发现这种被遗忘的记忆，而且患者觉悟，并暗示适当的方法使患者能解决其所遭受的苦难，或者谋更高级的发展。如此则患者内心的冲突得以解除，其病自获痊愈。病因既除，其后宿疾自不致再发。

心理分析法的根据为联想（Association）。联想的应用有两种：一为分离刺激法（The discrete stimulus method），一为连续刺激法（The Continious stimulus method），兹分述如次。

（1）分离刺激法　这种方法最好的例子为容恩的分析法。

容恩根据人类生活的各方面编了一个刺激字单（Stimulus words list），其中共计一百个字（词）。将应用这些字或词所引起的联想的事实加以分析便可以获得精神病患者被压抑的材料设法诊治。艾德（M. D. Eder）曾将容恩的字单加以订正，其内容如次：

  1头　2绿　3水　4唱　5孔　6长　7船　8做　9妇　10友谊　11烘　12问　13冷　14茎　15舞　16乡村　17池　18病　19骄　20挡带　21墨水　22怒　23针　24游泳　25去　26青　27灯　28负荷　29面包　30富　31树　32跳　33怜　34黄　35街　36埋　37盐　38新　39习惯　40祈求　41钱　42愚笨　43书　44轻蔑　45手指　46快乐　47鸟　48走　49纸　50邪恶　51蛙　52试　53饥　54白　55儿童　56谈　57铅笔　58忧愁　59梅　60结婚　61家　62污渍　63玻璃　64奋斗　65羊毛　66大　67萝葡　68给　69医生　70冰冻　71花　72打　73箱　74老　75家眷　76等候　77牛　78名字　79幸运　80说　81桌　82刚愎　83兄弟　84畏惧　85爱　86椅　87烦恼　88接吻　89新娘　90清洁　91袋　92选择　93床　94喜欢　95幸福　96闭　97伤　98罪恶　99门　100侮辱

  分析的手续是按照字单逐字念给被试者听，受试者在听见每一刺激字时即须将其所想起之第一个字（词）作答。在实验的情境中，被试者坐在一张极舒适的椅子上，面对着背景（不对光），主试者坐在其后记录其所作的各种反应和反应所须的时间。

根据容恩之分析，在反应时如有下列诸情形，即表示情综之所在。（注二十六）

（1）联想反应时间很长。

（2）对于刺激字照样说出。

（3）反应字特别奇怪，或者毫无意义。

（4）完全没有反应。

（5）过度的反应，即反应两字或两字以上，甚而是一句，或者加上许多补充的说明。

（6）对于刺激字发生误会。

（7）在反应的前后插入"是"或其他的感叹词。

（8）在形式上或实质上有坚持的理象（Phenomenon of Persevation）。

（9）刺激字施行第二遍时，复忆失败。

（10）有大笑、叫喊、嗟叹、哭泣、咳嗽、口吃等情绪反应发生。

（11）有低语的反应。

（12）说出试验室中的物件。（其联想盖为表面的，纯粹是偶然的性质，与刺激字无关。）

上述情绪形皆是情综的表现，当无多大的疑问，不过其中有些情形应有一适当的标准，则记录时较为方便。例如就反应的时间言，通常的联想反应时间其平均数为一点五秒或二秒左右，个别差异很大。倘如被试者回答所需的时间超过平均时间一秒以上，则可视为情综的表征。因为反应之延滞，系由于当时之情绪发生扰乱，阻止思想的进行所致。就第四项言，所谓是"完全没有反应"一语对于从前缺乏这种实验经验的人似乎是不太合适的，不过如果被试者在听见刺激字后呆坐在那儿不动，经过十五秒或二十秒钟以后仍旧想不出什么，那只有看做是情综的象征了。第六项所谓对刺激字之误会是应该注意的。因为有许多字的字音相似，如无上下文的帮助很不容易了解其意义，即常态的人也往往发生错误，但在精神病患者则往往对于刺激字表现一种充耳不闻的现象。这种情形如非情综在内作祟，至少也为意识范围缩小的表现。第八项内所谓的"坚持现象"乃指被试者对于各种不同的刺激字作同样的反应。这表明有一个占有势力的情综在支配着各个字的联想。不过这种现象的表现至少须在三次以上几可看作是精神病征。至于第九项，乃为确定情综的好方法。在第一遍的联想做完以后，即当被试者这个试验要重做一次，刺激字的先后与前相同，回答的字也须和前次一样。一般言之，前后两次反应之不同不得超过百分之二十。如在这个范围以外即可视为变态。同时在联想反应的时间上也应注意。大概经过很久的时间不能回忆的字，其在前一次也必是时间很长的刺激字。这种字跟情综的所在具有关系，似乎是无多大疑问的。

　　肯特和罗森娜夫（Kent and Rosanoff）二人也曾选择一百个字作为刺激字，并从生活的各方面选择了一千个常态的人做试验的代表。将这一千个人对于这一百个刺激字所有的反应逐字列成次数表。从这个表里面可以查出每个字所有各个反应字的千分数。以后对于任何被试者测验的结果可以逐字在表中查出其千分数。将总分数加起来，便可以发现这个人的联想从全体看是属于普通的抑或是个别的。普通的反应字皆可从次数表中发现，大部分属于正常；个别的反应字在次数表中仅占千分之一的次数或者非次数表中的所有，大多具有病态的特征。任何反应如在次数表中无相同之形式，而与某字仅有文法上之变异，则可归入可疑一类。

伍菊珞和骆维尔（Woodrow and Lowell）二氏也曾对于儿童之常态的或变态的联想范围作相似的研究。他们采用肯、罗二氏表中的字九十个，另外添加十个适宜于儿童的字。受试验的儿童计一千人，其年龄范围为九岁到十二岁。试验结果的整理和肯、罗二氏所作者相同。从结果上比较，儿童的联想和成人的联想大不相同，在某几类的联想次数上，二者有显然的差别。儿童的反应字之最多次数和成人一样的仅有百分之三十九的刺激字是如此。但儿童之特别的或个别和反应比较成人为少。儿童的反应字数也较成人少得多。

为便于参考计，兹将肯、罗二氏的刺激字单引述如次。材料是，据萧孝嵘先生的译文转录的。译文见萧氏所著《变态心理学》第六章。

1 桌　2 黑暗　3 音乐　4 病　5 人　6 深　7 软　8 吃　9 山　10 屋　11 黑　12 羊肉　13 安适　14 手　15 短　16 果　17 碟　18 光滑　19 命令　20 椅　21 甜　22 叫笛　23 妇　24 冷　25 慢　26 愿望　27 泣　28 白　29 美　30 窗　31 粗　32 民　33 脚　34 蜘蛛　35 针　36 红　37 睡　38 怒　39 毯　40 女　41 高　42 工作　43 酸　44 地　45 困难　46 兵　47 白菜　48 硬　49 鹰　50 胃　51 干　52 灯　53 梦　54 黄　55 面包

56 义　57 男　58 光　59 健　60 经书　61 记忆　62 羊　63 浴　64 茅庐　65 连　66 蓝　67 饥　68 僧　69 洋　70 头　71 炉　72 长　73 宗教　74 酒　75 童　76 苦　77 钟　78 渴　79 城　80 方　81 乳油　82 医　83 大声　84 贼　85 狮　86 欢　87 床　88 重　89 烟草　90 孩　91 月　92 剪刀　93 静　94 录　95 监　96 街　97 帝　98 酪　99 花　100 惧

（2）连续刺激法　这种方法也称为连环联想法（The Chaim association method），在施行的手续中被试者于听见某一刺激字以后并非和分离刺激法一样仅作一单独的反应，而系继续联想将其所能想到的一切资料尽量报告，换言之，被试者对第一个字的反应乃为次一反应的刺激字，其次一反应更为又次一反应的刺激字，以次继续至于无穷。如刺激字为"桌"，其连环联想可能如下：桌——椅——木——森林——绿——草——硬——床——盖——热——冷——零……倘若被试者在说到某一反应字的时候无法继续进行联想，或在呼吸运动、情绪的表现等方面有特殊的情形表现，则表示他联想到这里的时候已经和一种不愉快的情综发生关系了。主试者对于这些字便须应用特殊的符号注明，以备在另外一次作为刺激字之用，同时应用另外一个刺激字以回复其思想的活动。用这种联想法无论思想历程系以任何字作出发点皆可激动情综。不过在情综激动以后并不能完全阻止思想之进行，惟踌躇的情形则不能免。在碰着被试者表现踌躇的时候即应注意，因为踌躇情形的重要性和完全停止的现象是一样的（抑制作用必须极其强烈时思想始完全停止）。继续的联想可以揭发患者隐藏的动机或欲望使其回到记忆中来，经过清薄（Catharsis）的阶段以后即可获得痊愈。

在心理分析法中所用的刺激字，上述的两种刺激字单固皆可用；但如能根据患者所做的梦满足（Will-fulfiment）凡是在日间或意识界不能获得满足的欲望皆将在梦中满足之。例如有关性欲的事情，在是日间受"稽查"者的禁止或压抑的作用是不敢明目张胆的有所作为的。可是这种欲望受了压抑以后并非就消灭，而是躲藏到隐意识里面去活动。在睡眠的时候，"稽查"的工作比较松懈，于是这类欲望乃又浮现出来。梦是象征的，梦的工作简单可区别为四类：一为凝缩（Condensation），乃以一个符号代表许多隐含的内容。一为换位（Displacement）乃将压抑观念所有的情调移注到另一不关重要的观念上去，于是便可在梦中占非常重要的位置。一为剧化（Dramatization）乃以具体的形象表现抽象的欲望。一为再饰（Secondary elaboration），梦中进行的情节中之主要的项目皆借一再的化装而出现。总而言之，梦中所表现的种种都是日间所不能满足的欲望，因为"稽查"作用的关系，这类满足的活动即在梦中也须借化装而表现。佛氏的话虽不一定绝对如此，可是在人类的生活中有些情形确实是如此的，所以如果能利用精神病患者之梦的材料作为探导病源的根据也是很有希望的。

心理分析是一种很难的技术，必须经过严格的训练和有纯厚的道德修养者方可担任。不然的话，在进行分析时，患者对于施行分析的人往往有一种移情作用（Transference）的表现，稍一不慎即可发生无可挽救的恶果。此外用圆光（Crystal gazing or Scrying）和自动书写（Automatic writing）两种方式也可发现情综之内容而施以治疗。前者盖为一种高等的抽象作用，经过视的幻觉将压抑的材料直接表现出来；后者则为借串者自动写字的动作将压抑的或已分主离的材料直接表现。所谓自动写字的现象乃体系患者持久的注意于另一事物，手在那里自动地书写，至于写的内容为什么他并不知道，甚至有时在写了字以后继发现他自己是写了字。

情绪在精神病形成的过程中占有极重要的地位。情绪的发生多伴有机体的变化，以此关于血液循环的变化，血液的分布，呼吸的变动，随意肌运动的型式和身体的电位变动等的测量皆可间接帮助情综的发现。

总括的说，精神病之主要原因在于患者之困难问题的不得解决，因是而作一种变态的适应。治疗之主要的手续须先设法发现患者困难之所在，并追寻其冲突之原因，务使其认清事实并与事实相顺适。再则须知道患者改变其生活使能与现实的生活相适应，则在治愈以后将来始不致再发生问题。盖必须拔除了病根的治疗几能算是真正的治疗。

第七章　总结

　　关于人格的定义各家的主张互不相同，惟一般的趋向都承认人格为个体的各种行为品质的组合体，而且这种组合是有统一性的。各个人的行为品质不同，故其人格亦互异，各人有各人的行为型式。人格在个体与环境发生关系时表现得最明显。

　　决定人格的因素可从个人和社会两方面探讨。前者如身体解剖的特质、知识的能力、气质有机的需求和动机，生理的特质以及有机体的特殊能力技巧和习惯等皆是；后者如社会团体中的种种规则、惯例、民俗和文化是家庭和学校的影响对于人格的形成也有很大的影响。

　　人的行为品性既各不同，因之由行为品性组合而成之人格自也有别；兼之各人所处的环境互异，故受环境影响所形成之人格也随而有更大的差别。惟宇宙万物，差异之中复有相同之点，因之心理学家乃有将人格区分为几种类型的企图从历史上考察，四分法可说是最初对于人格类型区分的尝试。格林氏所谓胆汁质、多血质、粘液质和忧郁质的假定在目前看来虽然没有多少科学的根据，可是格林的分类却是区分人格型的叹矢。随后赫尔巴特、翁德、爱实豪斯、阿黑、缪曼等对于这些名词都曾予以新的解释，而海曼斯更从其所拟定的初级功用和次级功用的观点而加以补充。

在另一方面詹姆斯将人性区分为绝对相反的两类人，即所谓刚性人和柔性人；从而容恩有内向性和外向性的区分，喀里希曼有瘦长型和肥短型的分别，颜许之 T 型和 B 型、阿德勒之优越型和卑劣型等之判别皆可归于这一类。他们所用的名词虽属不同，而对于区分人格型所持的态度并无二致。至其所用名词之所以参差的原因或为各个类型区分者在区分时所采的观点不同所致。

此外也有根据内分泌的种类和人类所具有的血液型而区分人类的性格的。

上述种种区分人格型的计划或失之抽象，或失之武断，或以精神病征为根据，或依实验时所执着之某一点为张本，悉嫌偏而不全，作者认为是有希望的区分类型的标准是须从生理方面寻求。不过在根据生理的标准求得结果以后，更须探寻其和用别的标准所区分的结果之相关的价值，如此则所获结果始较可靠。

人格的测量自以科学的测量法为最可靠。在前我们列举了四种流行的测量人格的方法即系统的问卷法、评定量表法、测验法和实验的研究，每一种方法中我们都列举了一些例子以便作应用时的参考。这些方法各有其长处和缺点，在可能的范围内如能数法并用则所获结果的可靠性自必较大。

第七章　总结

　　人与环境不断的发生交涉，人有无限的欲望与需求，有的能顺利的获得满足，有的因了客观事实上的种种阻碍无法达到目的，因此在人格的发展上便有种种行为的机构表现，这些行为的机构虽不一定是合理的，可是在某种情形之下，毋宁承认它是常态的。人类借了补偿机构和自卫机构二者不知缓和了内心多少冲突，度过了紧张的阶段而复趋于平衡的状态。不过逃避机构是要不得的，它是消极的、退缩的，是弱者的表现，精神病往往是这种行为机构的归宿，负教育之责者必须能注意防范这类行为机构的发展。就常态人说，人格是统一的，因为有健全的人格统一性，虽在遭受环境间的种种磨难以后仍能度其常态的生活。不过有真正的统一性是不很容易的，例如社会上有许多的专家和学者，名望俱隆，为人推重。可是他们并不一定是具有真正的人格统一性的。这类的人，其兴趣多半极专一，因为兴趣专一，故被其排拒的东西也太多，这些被排拒的东西在日常生活中或个人生活方面每每是极其重要的。专家或学者因为缺少这些必需的东西，故其日常所过的生活方式每每不同于常人所不能了解。在某种紧急的塌合之下有时且损害他的健康，甚而至损及他的生命。有真正的人格统一性者必须有充分的交替控制作用和推广性的反应，其本身既具有的兴趣和特质，同时对于日常生活中的事物有丰富的知识，并能顺利地适应其所处的情境，将自我的人格在各方面适当的表现出来。真正的人格统一性的培植是父母和教师伟大的责任。

　　自我在不能维持统一的时候，人格便告分裂而成为多重人格。不过所谓多重的人格不可和多边的自我相混。多边的自我只是自我禁不住环境的势力底诱引而表现一种和平常相异的态度或行为。其人格的综合作用是并没有丧失的。至于多重人格则不然，它乃自我分裂以后的结果。在多重人格乃是精神病的象征。从心理学的观点说，人格分裂的人真可算是人格破产了。

解释精神病的原因之学说很多，但以常奈的心力说、佛洛特的精神分析说、容恩的生活力说、阿德勒的个性心理说以及卜仑斯的并存意识说为最著。他们的主张各有所本，可惜皆偏而不全，因为他们只分别的注重到心理的组织，心理的冲动或心理的进程的一面，而在实际上，这三者对于精神病的形成都是很重要的。

精神病是人类的大敌，人有了精神病不仅丧失了个人所有的一切幸福，减少了社会和国家的生产，而且增加了国家和社会的负担。以此精神病的治疗是很重要的。不过治疗是病后的事情，只可算是亡羊补牢式的一种拙计，实不如事前防治之为愈，此即心理卫生之可贵处。不过心理卫生的提倡还不满四十年，成效虽已卓著，而尚待斟酌与研究之处也还很多，这便有待于心理学家的努力。至于精神的治疗方法很多，但作法则主张用心理的治疗法。我国有句古话："心病还须心医"，是必须将致病的根苗拔除始可以获得真正的治疗。

（注一）Gates, A. I. Psychology for the Student of Education, Chap. 17.

（注二）Sandiford, P. Educational Psychology, vol I. 1939年版。

（注三）见前书。

（注四）见前书。

（注五）Watson, J. B. Psychology from the Standpoint of a Behaviorist, Chap. 11.

（注六）Boring, et, al. Psychology, Chap. 19.

（注七）Warren, H C. Human Psychology, Chap. 18.

（注八）Woodworth, R. S. Psychology Chap. 5. 3rd edition.

（注九）Hollingworth H. L. Mental Growth and Decline, Chap. 11.

（注十）见前书。

（注十一）萧孝嵘，军官人格品质之研究，中大心理半年刊四卷一期。

（注十二）朱道俊品性测量，教育通讯第三卷第三七——三八期合刊。

（注十三）汪养仁，科学的性格诊断方法论第二章。

（注十四）Encyclopedia Britanica V. XXI.

（注十五）Snow. A. G. Psychology in Bossiness Relation, Chap. 29.

（注十六）同注一。

（注十七）Allport, F. H. Social Psychology, Chap 4.

（注十八）曹飞译，评定品格之研究，中大心理半年刊应用心理专号。

（注十九）萧孝嵘，关于萧氏订正个人事实表格第二种之初步报告。（中大教育心理研究一卷二期）又人事心理问题第二七五页。

（注二十）同注八。

（注二十一）萧孝嵘，萧氏订正 X－O 测量 B 种——调验情绪发展之一种工具（岁人事心理问题书内）。

（注二十二）朱道俊，领导品质实验研究，中大教育心理研究二卷一期。

（注二十三）B. Sprott, W. J. H. General Psychology, Chap 3.

（注二十四）同注六。

（注二十五）吴南轩，心理医生运动的起源和发展。（旁观旬刊第十六期）

（注二十六）吴绍熙译，变态心理学原理第三章。